インプレスR&D [NextPublishing]

New Thinking and New Ways
E-Book / Print Book

世界の再生可能エネルギーと電力システム

安田 陽 著

[経済・政策編]

再エネ普及の課題は技術でなく制度設計

火力発電の外部コスト、再エネの便益とは？
エネルギー安全保障の観点は？／公平な市場環境とは？
FITの意義とドイツのFITの状況は？
経済・政策面から分析・検証する。

impress R&D
An Impress Group Company

はじめに

少し個人的なことから始めます。

筆者は現在、縁あって京都大学の経済学研究科に所属していますが、それまでは20年以上、別の大学で工学系の学部に所属し、電力工学の研究者をしていました（今でも工学系の研究は続けていますが）。元々の専門は送電線の雷事故のシミュレーション（過渡現象解析、電磁界解析）で、マクスウェルの電磁方程式や複素行列をコンピュータプログラミングでバリバリ解くような研究をしていましたが、それと同時に雷の事故を防止するための規格や法規制の知識も必要なため、経済や政策にも（幸いそれほど拒否反応なく）興味を持つようになりました。

しかし、2011年の原発事故とその後の混乱を目の当たりにして、「エンジニアが技術だけで何でも解決しようとしても限界がある」、「せっかくの技術を活かすも殺すも政策や社会システム次第」、と思うに至り、いわゆる「文転」（人文科学系への分野転換）を決意して、今日に至ります。

経済学の分野ではまだまだひよっ子ですが、「わからないことを調べ学んでいく」ということをリアルタイムに行っているという状況を生かして、おそらく多くの人にとってよくわからないことの筆頭である再生可能エネルギーの経済・政策的側面について、できるだけわかりやすく「なるほどそういうことだったか」ということを読者のみなさんと一緒に学んでいけたらと思います。

さて、図0-1は筆者が最近、講演などでよく提示する技術と経済・政策の関係を示す概念図です。図では山あり谷ありの曲線が描かれていますが、これは**最適化問題**を示しています。あるパラメータ（例えば社会コストや効用）を基準として、図の下方に行けば行くほどよい方向に進みます（ボールを転がして最終的にどこに落ち着くか、というイメージです）。

単純な下に凹（谷状）の曲線であれば、転がしたボールは曲線の最下点に自動的に到達しますが、図のように「山あり谷あり」の複雑な曲線だと、途中の小さな谷で引っかかって一番下まで到達しません。最適化

図0-1　技術と経済・政策の最適解を解く

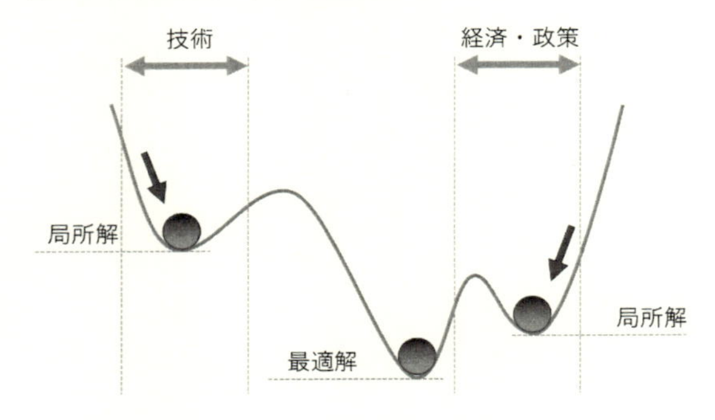

問題とは、このような複雑な関数の中で、どこが最適解（最下点）かを探索する問題で、多くのアルゴリズムやプログラミング手法が開発されています（筆者も一時、最適化問題を研究していたことがあります）。最適化のアルゴリズムでは、単にボールを転がして重力に従って下に進むという素朴な行動だけでなく、時には重力に逆らって改悪方向（グラフ上方向）に進むことも許しながら、小さな山を越え最も深い谷を探していきます。

さて、最適化問題の中で、この途中の小さな谷は**局所解**または**不適切解**と呼ばれます。もし探索範囲が狭いと、また単純に下に進むことしか考えない素朴なアルゴリズムだと、容易にこの不適切解に引っかかって、そこで計算が終わってしまいます。冒頭で述べたとおり、筆者が「エンジニアが技術だけで何でも解決しようとしても限界がある」というのはまさにこの状態です（図0-1左側）。

科学技術問題、とりわけエネルギー問題に関する最適化問題を解くには、「技術だけで何でも解決しよう」とするのではなく、経済や政策など幅広い分野もウォッチしなければ、真の最適解には到達できないように思います（同時に、技術的な基礎理論を踏まえずに経済や政策の理論だけで攻めても局所解に陥りがちです）。

もちろん、全ての分野を一人で全部網羅するというのは、複雑に専門分野が別れた現代社会ではほぼ不可能ですが、「もしかしたら自分が知っていることだけでは視野が狭いかもしれない」という危機感を常に頭の片隅に抱いて、複眼的視野で他分野の多くの人と協力して問題を解決しようとする姿勢が必要だと感じています。

残念ながら今の日本では「理系」、「文系」というナゾのカテゴライズが幅を利かせており、多くの日本人の思考回路にすっかり染みついているようです。無意識的に、「理系」と「文系」の垣根を作り、その垣根の向こう側で何が議論されているかに関心を持たなかったり、疑心暗鬼になっている人も多いのではないかと筆者は懸念しています。

しかし、例えば「文系人間」とか「理系的思考」という日本語特有の表現は、英語に翻訳しようとしてもほぼ不可能で、無理やり直訳しても海外の人にはなんのこっちゃさっぱり理解できないでしょう。英語でも「文系」、「理系」に相当する用語はもちろんありますが、それらは単に大学時代の専攻分野の名称に過ぎず、社会に出た後の思考方法や行動様式を制限する概念ではありません。

筆者は幸運にも30代の頃から国際エネルギー機関 (IEA) や国際電気標準会議 (IEC) の専門委員会に参加するチャンスをもらうことができたため、海外の風力発電や電力関係の研究者・実務家と直接話をする機会が多く、また、風力発電に関する書籍や報告書の翻訳も行っています。そのような会話や文書では、高度に専門的で技術的なテーマでありながら経済や政策に関する話も当たり前のように登場します。「文系」、「理系」という珍妙でバーチャルな垣根など気にせず、今、自分の仕事に必要なものは何でも吸収する、という考え方を筆者は海外の研究者を通じて学びました。

本書は、再生可能エネルギーと電力システムというエネルギー問題の一部の分野をテーマとする一連のシリーズの中の「経済・政策編」という位置付けですが、単に経済学や政策学に関する考察だけでなく、技術分野との橋渡しをしながら、複眼的視野でエネルギー問題の最適化を考えていきたいと思います。

2019年1月

安田　陽

目次

1

第1章　世界ではなぜ再生可能エネルギーの普及が進むのか？

1.1　どの発電方式にも「隠れたコスト」がある

再生可能エネルギーの話をする前に、我々にもっと身近な食べ物の話から始めましょう。

あなたは、必要以上に農薬が使われた野菜や、抗生剤、ホルモン剤などが大量に使われた家畜の肉を食べたいですか？ あるいは自分はまあOKだと考えている人も、自分の子供や孫に積極的に食べさせたいですか？

クスリたっぷりの農産物を食べたいですか？

農薬があれば病害虫などの影響をほとんど受けず、見かけがきれいな野菜が安く大量に作れます。抗生剤を大量に投与され感染症を抑え過密飼育された家禽、成長ホルモン（肥育ホルモン）を投与された牛豚なども生産性が高く安価になります。消費者にとっても、毎日食べる肉や野菜が安く安定的に手に入るので、双方ハッピーなはずです。実際、我々の大量消費文明を支えるには農薬に代表される薬品は不可欠ともいえます。では、これらをひとまず「よいもの」だと仮定したとして、「クスリたっぷりの農産物」を積極的に食べたい人はいるでしょうか？

上記の質問に対して、おそらく「双方ハッピー」と信じている人はほとんどおらず、「安いものには訳がある」とか、「何か隠れているものがあるのではないか？」と、いぶかしく思う人も多いのではないでしょうか。その「何か隠れたもの」というのが、食品だけでなく再生可能エネルギーを語る上で（さらに我々を取り巻く全ての経済活動を考える上で）重要なテーマです。

世の中、不自然に安いものが結構溢れています。もちろん、適切な対策や努力を行って適切な価格になることはよいことですが、そうではない場合（端的に言えばズルをして他人に迷惑をかけてでも安くしようとした場合）に、その無理な安さによって後で手痛いしっぺ返しを食う可能性もあります。我々はなんとなくでもそれを経験的に知っています。

上記の農薬の例では、「病害虫などの影響をほとんど受けず」という点は確かにメリットですが、デメリットはないでしょうか？ 万一長期に過剰摂取して健康を損ねた場合、その治療費は誰が払うのでしょうか？ あるいは、その農薬を使ったことによって環境汚染が発生したり、有益な昆虫まで死滅して生態系のバランスが崩れたり、健康被害や経済損失があった場合、その損失は誰が支払うのでしょうか？ 抗生剤の例では、大量使用による薬剤耐性菌が出現した際の損失は誰が払うのでしょうか。

もちろん、このような薬品を適度に適切に使うことにより有効な場合もあります。筆者もこれらを全面否定するものではありません。しかし、これらの薬品の過度で不適切な使用によるデメリットを軽視し、必要な対策をとらないとしたら問題です。それを「クスリたっぷりの農産物」という言葉で象徴しています。

我々は「クスリたっぷり」の電気を享受している

さて、本書は再生可能エネルギー、あるいはもう少し幅広く考えてエネルギー全般を対象にしていますが、エネルギー問題についても「クスリたっぷりの農産物」と同様の問題をきちんと考えなければなりません。

例えば、火力発電の中でも石炭火力は比較的安い電源として、また中東など政情が不安定で地政学的リスクがある地域に依存せず輸入できるという安全保障の観点から、日本では今後も重要な電源として位置付けられています。2018年7月に閣議決定された『エネルギー基本計画』（第5次）[1.1]でも石炭火力は、

・ 温室効果ガスの排出量が大きいという問題があるが、地政学的リ

スクが化石燃料の中で最も低く、熱量当たりの単価も化石燃料の中で最も安いことから、現状において安定供給性や経済性に優れた重要なベースロード電源の燃料として評価されている。

・　今後、高効率化・次世代化を推進するとともに、（中略）長期を展望した環境負荷の低減を見据えつつ活用していくエネルギー源である。

という位置付けとなっています（下線部筆者）。

このように、石炭火力は「安定供給性や経済性に優れた」電源であることが強調されていますが、これが「クスリたっぷり」によって成り立っていないかどうか、検証が必要です。

上記のエネルギー基本計画の文言の中で「温室効果ガスの排出量が大きいという問題があるが」と但し書きがあるとおり、石炭火力にはCO_2などの温室効果ガスの排出とそれに伴う**地球温暖化 global warming**という問題が常につきまといます。

地球温暖化を引き起こす（可能性が極めて高いとされる）CO_2の排出は、何も火力発電だけでなく自動車（ガソリン車・ディーゼル車）や工場からも出てきますが、図1-1-1に示すように実際に統計データを見てみると、エネルギー転換部門（そのうち発電がほとんど）が全体の42%を占め、CO_2を排出する要因のトップであることがわかります。この部分をどうするかが、日本だけでなく地球全体の問題として大きく問われています。

地球温暖化という言葉は日本では今でもよく使われますが、海外のニュースや文献では今は**気候変動 climate change**という用語が専ら用いられます。これは人類が排出したCO_2などの温室効果ガスによって地球規模で気象に人為的影響が及んでいることを指す用語であり、単に地球全体が温まることだけではなく、局所的には寒冷化する地域や期間も存在し、極端な気象が発生しやすくなることが指摘されています。

環境省は既に2000年代後半に温暖化影響総合予測プロジェクトチームを立ち上げ、国内の地球温暖化による被害コストを見積もった報告書を

図 1-1-1　日本の分野別CO_2排出量の割合

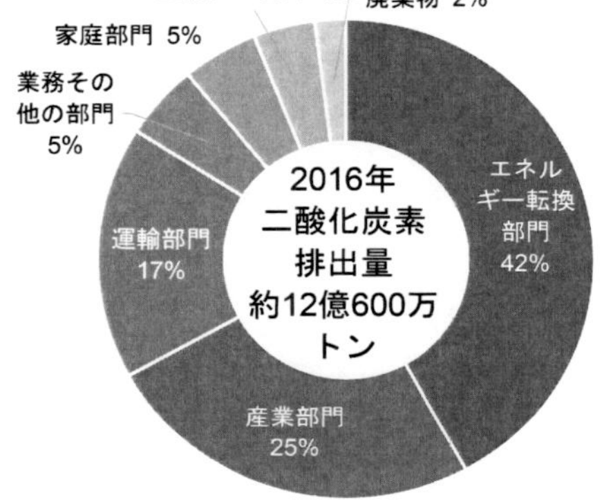

公表していますが[1.2]、表1-1-1に示すとおり、このまま何も対策をとらないケース（BAUケース）での被害コストは、2090年代には洪水氾濫は8.3兆円、土砂災害0.94兆円、高潮は9.7兆円、熱中症は1192億円に跳ね上がると予測しています（同報告書ではそれ以外にもさまざまな被害コストが試算されています）。

表 1-1-1　地球温暖化（気候変動）による主な被害コスト試算

	2030 年代		2050 年代		2090 年代	
	対策ケース	BAU	対策ケース	BAU	対策ケース	BAU
洪水氾濫（兆円/年）	1.3	1.3	4.4	4.9	5.1	8.3
土砂災害（兆円/年）	0.60	0.60	0.49	0.58	0.65	0.94
高潮（兆円/年）	2.2	2.2	3.4	3.9	7.2	9.7
熱中症（億円/年）	243	274	373	529	501	1192

* 対策ケースは温室効果ガス濃度を450ppmで安定化させるシナリオ。
** 高潮の被害コストは西日本（中国・四国・九州地方）および三大湾（東京湾・伊勢湾・大阪湾）の試算。

実際、2018年7月に日本全体で集中豪雨（気象庁の命名では「平成30年7月豪雨」）が多発し、主に西日本で200名を超す犠牲者が出たのは記憶に新しいことですが、このような極端なゲリラ豪雨も地球温暖化（気候変動）が一因であるとする研究者の見解もあります[1.3]。地球温暖化（気候変動）によってハリケーンやゲリラ豪雨など極端気象が多発することは、コンピュータシミュレーションなどによって多くの研究機関によって予測されています。2018年7月の豪雨もその兆候が早速現れてきたと解釈することもできます。

また、2018年の7月は集中豪雨だけでなく全国的に30〜35度を超える猛暑が続き、学校行事中に熱中症で児童が死亡するなど痛ましい事故があり、学校のエアコンや屋外行事について大きな議論がありました。予想される死亡数も年々増加し、1990年代に人口10万人あたり年間0.3人だったものが、BAUケースの場合、2030年代に2.2倍、2090年代には3.7倍になると予想され、特に西日本（中国・四国・九州地方）だけを見ると2090年代には7倍にも達するとも予想されています[1.2]。

ちなみに表1-1-1で登場したBAUケース（無対策ケース）とは、多くの場合「参照ケース」として対策ケースとの比較をするために用いられるものですが、英語のBusiness as Usualの略語であり、直訳すると「今までどおり」という意味になります。このBAUという言葉は環境問題に関する報告書では非常によく目にしますが、それはとりもなおさず、「今までどおり」漫然としていてはあかん！ というメッセージが暗に込められていると筆者は解釈しています。

意外に見過ごされている直接的な健康被害

火力発電については、気候変動（地球温暖化）だけでなく、直接的な健康被害も無視できません。日本では気候変動（地球温暖化）ばかりが注目されがちですが、火力発電所からの大気汚染物質の排出は、高度経済成長期に公害問題がクローズアップされた時よりは大分マシになったものの、問題がすっかり解決されたわけではありません。

環境省が2年に一度行っている大気汚染物質排出量総合調査では、全国の工場・事業場から排出される大気汚染物質の排出量を調査しており、直近の平成26年度（2014年度）の調査結果 [1.4] によると、図1-1-2に示すように窒素酸化物 (NOx) および硫黄酸化物 (SOx) を排出する最大の業種は電気業（すなわち火力発電所、とりわけ石炭火力）であることがわかります。NOxやSOxは人間の呼吸器関連の疾患に強く関係し、確実に寿命を縮めます。

図1-1-2　環境省による大気汚染物質排出量調査（左：NOx、右：SOx）

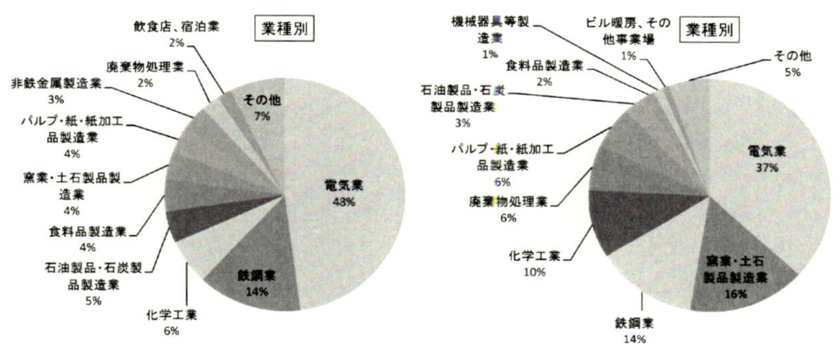

また、文献[1.5]によると、東京・千葉エリアおよび大阪・兵庫エリアで現在計画中の石炭火力発電所が全て建設され稼働したと仮定すると、NO_2や微小粒子状物質(PM2.5)により年間380人の早期死亡者が発生すると推定されています。PM2.5というと最近は中国から越境飛来するものが有名になっていますが、日本においても特に火力発電所は港湾地区など人口密集地に隣接して建設されているため、そこから排出されるものも無視できません（図1-1-3）。都市部に住む人にとって直接的に関係する深刻な問題です。

図1-1-3　新規石炭火力発電所によるPM2.5排出の様子（左：大阪・兵庫エリア、右：東京・千葉エリア

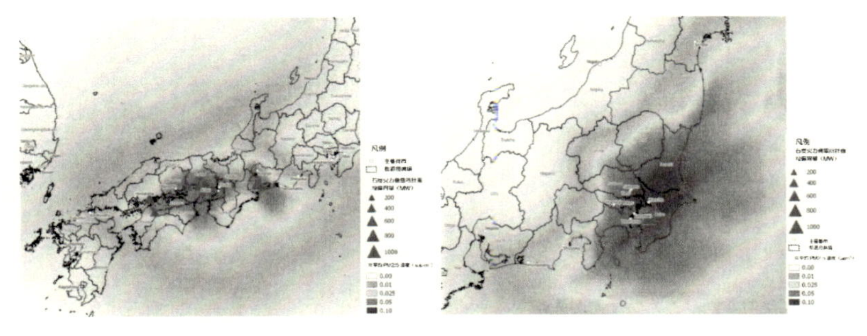

さらに海外に目を向けてみると、WHOの最近の報告書では大気汚染に

よる世界の死亡者数は年間約700万人にも上るという調査結果が出ています[1.6]。また、国際連合人権理事会 (UNHRC) の報告書によると、先進国である英国でも大気汚染（この大気汚染の原因は火力発電所だけでなくガソリンやディーゼルを燃料とする自動車も含まれます）のため毎年約4万人の早期死亡者が発生しているとのことです[1.7]。

なおここで、「早期死亡者」とは、当該の原因によって平均寿命より早く死亡する人の数です。各電源のリスクを直接的な死亡者数のみで比較評価する論調も一部に見られますが、直接的な死亡者が少なければそれでよいというのは乱暴な理論です。直接的には死に至らなくても、「じわじわ」と健康を蝕み寿命を削るリスクも定量化しなければなりません。さらにより専門的には、単なる寿命の長さだけでなく、生きている間に健康に暮らせたかも加味した「障害調整生命年 (DALY)」という指標も提案されています。大気汚染とDALYの関係については文献[1.8]などを参照下さい。

これらは、「クスリたっぷりの農産物」のケースと同様、長年蓄積して後になって被害に気がついた時点では遅く、今すぐ解決しなければならない喫緊の課題です。

隠れたコスト、またの名を、外部コスト

上記で指摘したようなリスクは、本来、当事者や第三者に被害が生じないように生産者側が十分対策を練るべきで、そのためにはそれなりのコストが発生します。そして本来、その対策コストは薄く広く商品に上乗せされるものです。しかし、必要な対策コストをケチったとしたらどうなるでしょうか？ 前に挙げた例で言うと、確かに、対策コストをケチることによってその農産物は見かけ上安く売ることができます。この「見かけ上」安いコストに対して、本来行われるべき対策コストをケチった分が**隠れたコスト hidden cost**になります。

隠れたコストは、もう少し専門的にいうと、**外部コスト external cost**という経済学用語に相当します。なぜ「外部」かというと、農産物を作っ

て売る人とそれを買って食べる人が取引をする際に、この「クスリたっぷり」に関するリスク情報が取引価格に含まれず、取引外にはじき出されてしまっているからです。このように市場取引の際に本来考慮されるべきものがされていない場合、それは**外部性 externality**と言われます。外部性の中でも、「クスリたっぷり」による健康被害などの負の影響を与える外部性は**外部不経済 negative externality**とも呼ばれます（それに対して正の外部性もあります）。

この外部コストは正確な予想をすることが難しく、不確実性（不確かさ）を伴います。なぜなら、一般に負の影響が出るのはしばらく後になってからであり、仮にきちんと対策を立てたらどうなっていたか？ など予測や推測を含むからです。

例えば「将来ガンの発生確率が○％上昇のリスク」などといった形で確率論的に表現されると、それをどう取るかは人によって意見が分かれる場合もあります。また、科学技術の進展により昔はよくわからなかったことが後から判明することもあります。よくわからない仮定の話は「なかったこと」にする風潮が支配的であればあるほど外部コストが考慮されず、文字どおり隠れたコストになっていきます。

この節での「あなたは、クスリたっぷりの農産物を食べたいですか？」という問いに対して、今までなんとなく「安いものには訳がある」と、いぶかしんでいた人は、この「外部コスト」あるいは「隠れたコスト」という概念を使うと、その懸念をうまく説明できると思います。

日本ではどのような議論が進んでいるのか？

図1-1-4は、2015年に経済産業省が公表した日本の発電方式ごとの発電コストの比較です[1.9]。図から容易にわかるとおり、風力や太陽光などの再生可能エネルギーは、少なくとも日本では「まだ高い」電源であることがわかります（海外ではどうやらそうでもなさそうですが、その点は3.5節で詳述します）。

では、現時点でまだ高い再生可能エネルギーを使えば使うだけ損なの

図 1-1-4　日本の発電方式ごとの発電コスト

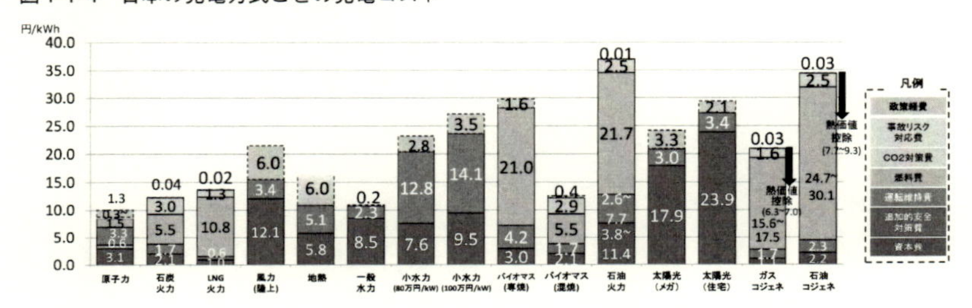

でしょうか？ より安い原子力や石炭火力を使えば使うだけ我々はハッピーになれるのでしょうか？

この問いに答えるにあたっては、前述の「クスリたっぷりの農産物」と同じ考え方で、外部コストをきちんと考慮する必要がありそうです。単に安いか高いかだけではなく、「安いものには訳がある」と、少し疑問に思って調べてみることが重要です。

各種電源から発生する外部コスト、すなわち現在の取引価格に反映されないコストには以下のようなものが考えられます。

① 地域環境・住環境に関する負の外部コスト（生物・植物への影響、騒音・景観阻害など）
② 健康被害に関する負の外部コスト（放射性物質による被爆、大気汚染による呼吸器系疾患など）
③ 気候変動に関する負の外部コスト（異常気象の多発などによる災害被害の増加など）
④ 事故や故障を起こした際に発生する負の外部コスト
⑤ 研究助成や電源開発・立地対策への財政資金投入に関する外部コスト
⑥ 電力の安定供給に関する正の外部コスト（予備力供給や容量価値など）

このうち、図1-1-4では、③～⑤の一部が「CO_2対策費」、「政策経費」、「事故リスク対応費」として若干考慮されて加算されているものの、それらの内訳は十分明らかにされておらず、各電源の外部コストそのものの試算や分析は報告書内には見当たりません。

本来、①や②の住環境への影響や健康被害に関する外部コストは従来型電源に大きく関わるものであるのにそれが結果として反映されていません。また、⑥に関しては、古くは文献[1.10]などで1990年代から問題提起されているものの、これらのコストや価値をどのように定量化するかは現在でもまだ十分な議論が進んでいるとはいえません。国の審議会レベルでは、外部コストに関して中途半端でバランスの悪い議論しか行われておらず、市民は議論の経緯をもっと慎重にウォッチする必要がありそうです。

海外ではどのような議論が進んでいるか？

一方、外部コストの分析は、欧州や米国をはじめとする海外で進んでいます。

特に欧州では、既に1990年代にExternEという名前の研究プロジェクトが立ち上がっています。これは欧州連合 (EU) の政府に相当する欧州委員会が出資するプロジェクトであり、予算総額は1000万ユーロ（約13億円）にも上るものです。まさに日本の国家プロジェクト（国プロ）に相当します。このプロジェクトは2005年で一旦終了しましたが、同プロジェクトで培われたモデル分析手法はその後も関連プロジェクトに継承されています。

このExternEプロジェクトでは、「環境経路分析」という手法が用いられており、図1-1-5に示すように、(1) 環境汚染物質を発生地域ごとに特定、(2) 排出された汚染物質の地理的拡散を考慮、(3) 物理的影響の評価、という段階を踏んで、最後に (4) 貨幣価値への換算が行われます。これが外部コストになります。

ExternEプロジェクトの試算結果 [1.11] を2003年当時の1ユーロ≒130円として日本円に換算してまとめると図1-1-6のようになります。石炭および褐炭の外部コストは約3.32〜4.92円/kWhと算出されており、とりわ

図 1-1-5　ExternE の環境経路分析の手法

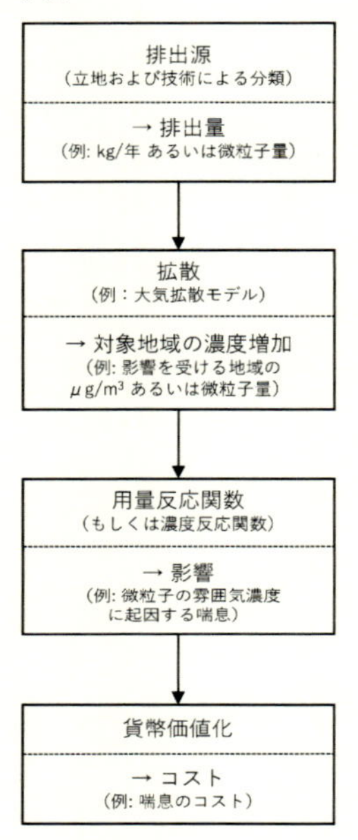

け健康被害（大気汚染による呼吸器系疾患による寿命低下など）および気候変動による災害リスクの増加といった外部コストが突出していることがわかります。

図 1-1-6　ExternE による各種電源の外部コスト（単位：円/kWh、1ユーロ≒130円として日本円に換算）

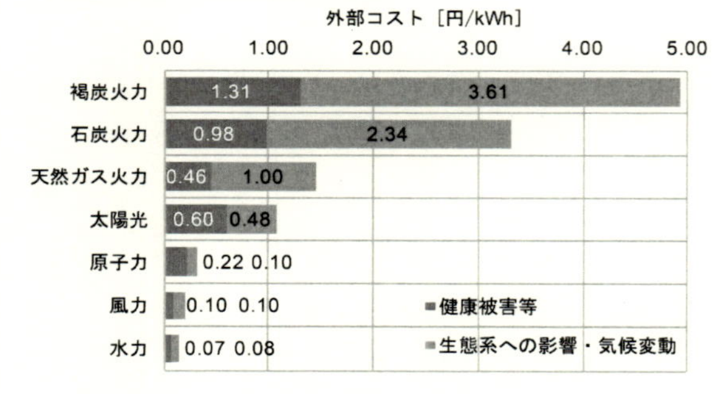

一方、原子力の外部コストは約0.32円/kWhと算出され、ここには原発事故の際の放射能汚染による健康リスクも含まれています。一方、再生

可能エネルギーの外部コストは、太陽光が1.08円/kWh、風力が0.21円/kWh、水力が0.15円/kWhとなっています。太陽光の外部コストには製造時に排出されるCO_2も考慮されており、風力には騒音による被害コストも含まれています。再生可能エネルギーも外部コストはゼロではなく、その点で完璧な電源ではありませんが、それでも従来の化石燃料に比べ、外部コストがとても低いことがわかります。

一方、米国でも外部コストに関する研究が全米レベルで進んでおり、その名もずばり『エネルギーの隠れたコスト』という名の500ページもの分厚い報告書が全米研究協議会（アカデミー）から発行されています[1.12]。同報告書はレビューペーパー（解説論文）であり、全米研究協議会自体が試算を行ったものではなく、過去に公表された多数の科学技術論文を精査したものです。同報告書に記載された数値を拾い出してみると、表1-1-2のようになり、やはりExternEと同様に化石燃料の外部コストが高いという評価が下されています。

なお、ここで「おや？」と気付いた読者も多いかと思いますが、ExternEや全米研究協議会の推計では、原子力より太陽光の方が外部コストが高い結果となっています。これについては2.5節で詳しく説明します。

表1-1-2　全米研究協議会による各種電源の外部コスト（単位：円/kWh）

	気候変動以外	気候変動	備考
石炭火力	3.84	1.2〜12	気候変動の外部コストは炭素価格によって異なる
天然ガス火力	0.19	0.6〜6.0	
原子力	0.0006	無視できるほど小さい	原発事故保険のコスト
風力	無視できるほど小さい	無視できるほど小さい	
太陽光	記載なし	0.12〜0.24	パネル製造時に発生する

（文献［1.13］で用いられた2007年当時の1米ドル≒120円として日本円に換算）

上記の欧米の2つの大きなプロジェクトの報告書は、残念ながら日本語に翻訳されておらず、それゆえこの報告書の存在は一部の専門研究者の間にしか知られていません。日本では、「外部コスト」という概念自体が政策決定者やマスコミの間で（ましてや一般の人の日常会話で）議論されることはほとんどない状態です。

一方、気候変動の合意形成に関する国際的機関である気候変動に関する政府間パネル (IPCC) でも『再生可能エネルギー源と気候変動緩和に関する特別報告書』(通称SRREN) という報告書の中で、各種電源の外部コストの評価を行っています [1.13]。このIPCCの報告書は、本文が1000ページ近くもある膨大な資料ですが、幸い全文が日本語訳され無料で公開されているので (ちなみに筆者も翻訳者の一人として参加しています)、興味のある方はダウンロードして図だけでも眺めてみると参考になると思います。

この報告書も、先の全米研究評議会の報告書と同様、レビューペーパーであり、IPCC自身が計算やモデル分析を行っているわけではありません。余談ですが、地球温暖化もしくは気候変動に関して「IPCCは間違っている!」という主張が稀に見られますが、それらはレビューペーパーという形態自体を理解していないことから発生する誤解があるかもしれません。IPCC自身が計算や独自の主張を行っているわけではなく、数千もの科学技術論文を精査し紹介した上で、さまざまな見解がある中で大多数の科学者が合意できる情報をIPCCがまとめているに過ぎません。

さて、このIPCCの報告書によると、各種電源の外部コストは図1-1-7のようにまとめられています。ここで図の横軸は対数 (log) で取られているので、ひとメモリ右に移動すると文字どおり桁違いに数値が上がっていくことを意味します。この図から視覚的に一目瞭然のように、再生可能エネルギーの外部コストは化石燃料 (とりわけ石炭火力) に比べ1〜2桁小さいことがわかります。

世界ではなぜ再生可能エネルギーを推進しているのか?

以上、外部コストに関する国際的に定評のある3つの報告書を紹介しました。火力発電、とりわけ石炭火力は他の電源に比べ突出して高い外部コストを発生させているということが、世界中の多くの研究データから明らかになっています。

図1-1-7　IPCC SRRENによる各種電源の外部コスト（単位：米セント/kWh）

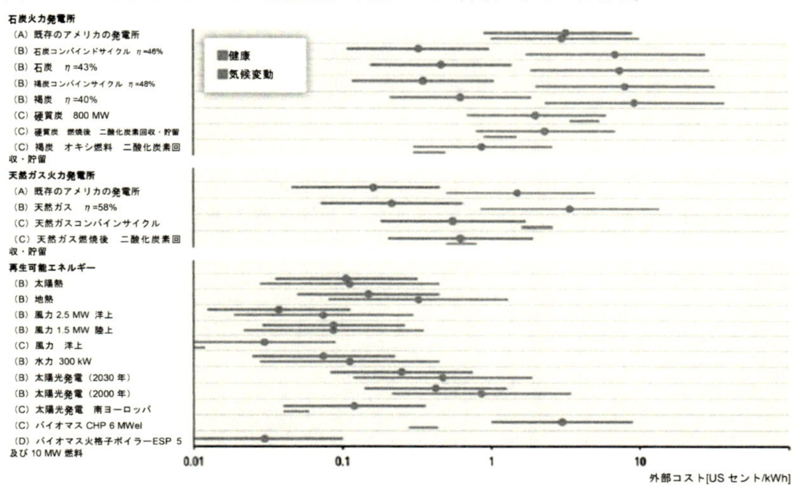

また、その裏返しで、再生可能エネルギーは化石燃料による発電よりも「外部コストが低いこと」が明らかになっており、そのことこそが再生可能エネルギーを導入するための意義であり、理論的根拠となっています。

日本では、単に「再生可能エネルギーは地球に優しい」という印象論が先行しがちで、それは元々環境に関心のある人の耳には心地良いかもしれませんが、それだけでは社会全体を動かすことはできません。なんとなくの印象論ではなく、定量評価を行い、貨幣価値に換算することが重要です。

海外、とりわけ欧州では、このような客観的定量評価が進んでいるからこそ、環境問題に意識を持つ市民だけでなく、政治家や官僚、そして産業界や金融業界までもが再生可能エネルギーを推進すべきだという合理的判断を下し、その技術に投資をするというムーブメントが生まれています（同様に、石炭へのダイベストメント＝投資引き揚げも同じ理論で説明できます。ダイベストメントについては2.4節で詳述します）。

この現象は、米国でも同様です。トランプ大統領は環境問題にあまり関心がなく国際的にも物議を醸す発言を繰り返していますが、米国の面白いところは、大統領が言ったからと言って皆右へ倣えではなく、州政府や議会、各州、さらには産業界が独自に再生可能エネルギーに積極的に取り組む姿勢を見せています。これも政治的日和見でなんとなく意思決定するのではなく、学術的定量評価や客観分析をベースにした議論があるからこそだと筆者は見ています。

翻って日本はどうでしょうか？ 残念ながら、外部コストの研究を何十億円もかけて国プロレベルで行う…という試みはほとんど見当たりません。図1-1-4で示したように発電コストを試算する際に、外部コストの一部が計上されていますが、現時点では中途半端でバランスの悪い形で考慮されているに過ぎません。また、表1-1-1で示したような将来の被害コストの試算はその原因である設備の外部コストを算出するには役立ちますが、現時点では各種電源の外部コストの評価というところまでは踏み込めていません。

2012年の固定価格買取制度(FIT)施行以来、太陽光の導入は進んでいるものの、それ以外の再生可能エネルギーの導入はさまざまな要因により十分に進まず、日本では再生可能エネルギーの大量導入が実現できた、という段階にはまだまだ至っていません。2018年7月に閣議決定された『エネルギー基本計画』（第5次）においても、2030年までの導入目標は風力と太陽光を合わせてわずか9%と、他の先進国に比べ大きく見劣りする低い目標（むしろ導入制限とも解釈される）です。世界各国で再生可能エネルギーへの投資が進むなか、このような状態が相変わらず続いているのは、ひとえに再生可能エネルギーを推進しようとする側にも、疑問に思う側にも、エネルギーの外部コストに関する定量的議論が希薄だからではないかと筆者は推測しています。

この「外部コスト」ないし「隠れたコスト」という概念が日本にも広く浸透し、多くの人がこのことに関心を持つようになって初めて、健全な再生可能エネルギー（あるいは外部コストの少ない他の発電方法）の導入が進み、多くの市民にそれが受け入れられるものと筆者は期待しています。

1.2　再生可能エネルギーには「便益」がある

前説で「外部コスト」というあまり日常会話では聞かれない経済学用語が登場しましたが、本節ではもう一つ、それと同じくらい重要な経済学用語を紹介します。それは**便益 benefit**です。

便益という言葉をご存知ですか？

「便益」とは何でしょうか？ 読者のみなさんは便益という言葉を聞いたことがありますか？ 日常的に仕事で使っている人はいるでしょうか？

この便益という言葉はれっきとした経済学用語で、経済学部では大学の１回生の授業でも当たり前のように登場します。しかし、いざ「便益」とは何かということを調べようとすると、実は結構厄介です。便益は経済学ではあまりにも当たり前すぎて、ほとんどの経済学の教科書や辞典でも無定義でいつのまにか登場することが多いのです（ということを最近他分野から移って改めて発見した、と筆者が経済学の先生にお話ししたところ、「我々にとっては当たり前すぎる単語なので、それは全く気付きませんでした…」という答えをもらったことがあります）。

「便益」という単語を普通の辞書で引くと、大抵の辞書では以下のような答えが返ってきます。

- べんえき【便益】　便宜と利益。都合がよく利益のあること[1.14]。

…これではなんのことかさっぱりわかりません。一般的な辞書や国語辞典では、どれも経済学用語で言うところの「便益」については何も語ってくれません。ちなみにインターネット辞書の方が比較的わかりやすくかつ的確に解説しているようです。

- べんえき【便益】 便益とはベネフィットのことをいう。
- ベネフィット benefit　ベネフィットとは製品やサービスを利用することで消費者が得られる有形、無形の価値のことをいう[1.15]。

また、より専門家向けには、以下のような説明があります。学術的には厳密ですが、決して親切ではない少々難解な表現です。

- べんえき【便益】 一般に財に対して人が払ってもよいと思う最大金額を「支払意思 (WTP: willingness to pay)」という。厚生経済学では、この支払意思 (WTP) を、財が人に与える経済福祉の貨幣表現と考え、これを「便益」と呼ぶ[1.16]。

より少し噛み砕いて説明を試みてみると、経済学用語としての「便益」は支払意思の貨幣表現であり、「コスト（費用）」の対となる用語です。

実は、この「貨幣表現」というところが重要です。「便益」は状況により「メリット」や「効果」と言い換えられることも多いですが、便益は貨幣表現などの定量評価でなければなりません。ここに理解の難しさがあります。なにごともお金や数値に換算するのは世知辛い…と思われる方も多いかもしれませんが、今のところ貨幣以上にユニバーサルな経済評価指標を人類は見出していません。便益は貨幣表現にしない限り、客観評価ができないのです。この便益を「メリット」や「恩恵」などなんとなく抽象的な言葉に置き換えてしまうと、定量的・客観的評価をするという発想がなかなか出なくなってしまいます。

一方、貨幣表現にしたとたんに、便益は一部の企業や個人の利益 profit と混同されたり誤解される可能性が高くなります。厳密には、便益は**私的便益**と**社会的便益**とに分類され、私的便益が特定の人や企業の利益に相当します。それに対して、社会的便益はコミュニティ全体、国民全体、地球全体が受益者として考えられます。ここにも若干の理解の難しさがあります。

再生可能エネルギーの便益とは？

では、再生可能エネルギーの便益とは具体的には何でしょうか？ それは、人々の生活を支える電力を生み出すという便益（これは火力や原子力も共通です）だけでなく、化石燃料の削減や温室効果ガス（CO_2）の削減など、健康被害の抑制や地球温暖化（気候変動）の緩和という大きな便益があります。これは前節で述べた外部コストの高い他の電源を置き換えることで威力を発揮します。その他、文献によっては雇用創出や輸入依存度の低減なども試算に含める場合もあります。

図1-2-1は国際再生可能エネルギー機関 (IRENA) が発表した報告書の中で提示された試算例です。ここでは、世界全体で気候変動緩和に必要な再生可能エネルギーの導入について分析されており、その投資額は発展途上国を含む世界全体で毎年2900億ドル（≒32兆円）の投資が必要だとされています。

図1-2-1　再生可能エネルギーのコストと便益の例

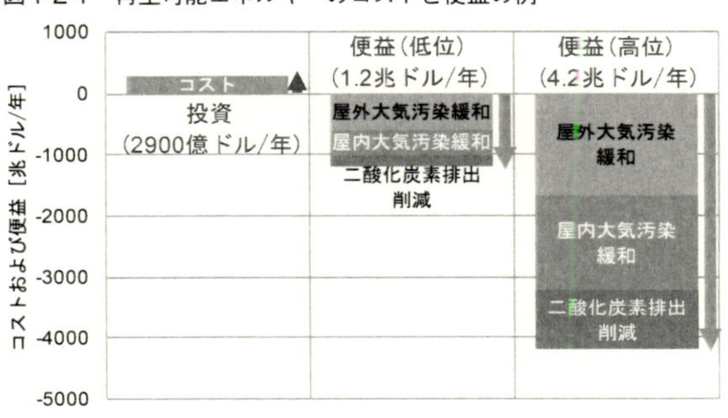

仮にこの投資額だけを切り取って議論すると、「そんな額を誰が払うんだ！」、「国民負担が増える！」という意見も聞こえてきそうですが、その投資を行えば、大気汚染やCO_2増加による地球規模の損害を防ぐこと

ができ、その便益は毎年1.2〜4.2兆ドル（≒132〜462兆円）と試算されます。逆にいうと、この投資を怠ると、その4〜15倍の損害が発生することになります。この損害は、特定の企業や投資家のみが不利益を被る損害ではなく、国民全体・地球市民全体に降りかかってきます。したがって、このような損害を防ぐこと自体が地球市民全体へもたらされる社会的便益となります。

ちなみに日本では環境省が中心となって再生可能エネルギーの便益について試算しており、既に原発事故や固定価格買取制度 (FIT) 施行前の2011年3月の段階で、表1-2-1に示すような便益の定量化を行っています。

表1-2-1　環境省による再生可能エネルギーの便益の試算

CO_2削減効果	2020年に6,000〜8,000万t-CO_2（金額換算値: 0.4〜1.8兆円*）
エネルギー自給率	2020年に10〜12%まで向上
化石燃料調達に伴う資金流出抑制効果	2020年に0.8〜1.2兆円*
経済波及効果	2011〜2020年平均で生産誘発額 9〜12兆円*、粗付加価値額4〜5兆円*
雇用創出効果	2010〜2020年平均で46〜64万人**

* 割引率4%で2010年価値換算／** 機器の輸入はないものと仮定

一方、昨今は再エネの固定価格買取制度(FIT)の賦課金の上昇により、メディアでもネットでも「国民負担」の上昇がしきりに喧伝されています。経済産業省の文書でも「国民負担」というキーワードが盛んに登場し、国民負担の抑制に多くの議論が割かれています。図1-2-2は経済産業省と環境省が公表したグラフですが、ここではFITによって電気料金の一部として電力消費者から広く薄く回収する負担金の総額の試算が行われています。

図1-2-2上図の経済産業省による2018年段階の試算では、FITの買取総額が2016年度で既に2兆円を上回り、2030年度には3.7〜4.0兆円になるという試算をしています。なお、このグラフでは、FITの「買取総額」が太字で強調されていますが、実際は化石燃料の削減（グラフの薄い青色部分）があるため、FITの「負担総額」を議論するのであれば、カッコ

付きで細字で控え目に書かれている数字の方が本来重要です。

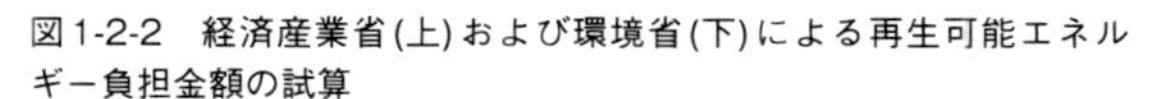

図1-2-2　経済産業省(上)および環境省(下)による再生可能エネルギー負担金額の試算

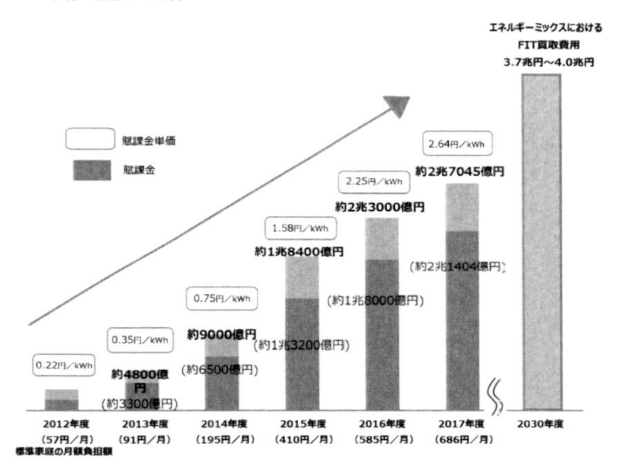

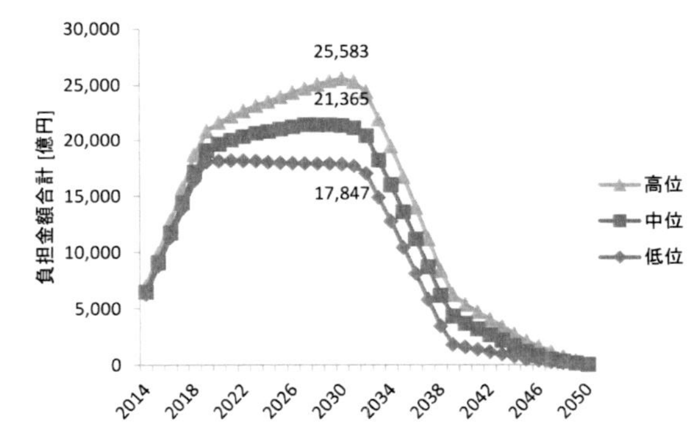

一方、図1-2-2下図の環境省による試算は、2015年段階での試算のため、上図の経産省による試算より買取総額が少なく見積もられていますが、より注目すべき点は、経産省のグラフには見られなかった2030年以降の中長期の試算結果もここには掲載されていることです。この環境省の試算結果から一目瞭然のとおり、2030年までの世代は確かにFITにより再生可能エネルギーの促進に関わるコストを広く薄く負担することになりますが（3～4円/kWh程度、月額900～1,000円程度。詳しくは3.3節参照)、2030年以降はその負担額は急速に減少するため、それ以降の世代

にとってはコスト負担ではなく、便益が得られることが実感できる時代になります。

図1-2-2上図のように、もし2030年以降のグラフが描かれていないと、あたかもこの賦課金の上昇は青天井でどんどん上昇していくようなイメージを持ってしまう人も多いかもしれませんし、「国民負担」ばかりが強調され、まるで便益が存在しないかのように勘違いする人も多いかもしれません。

もちろん再生可能エネルギーの発電コストやFIT買取価格の低廉化の努力はしなければなりません。しかしながら、再生可能エネルギーには、表1-2-1や図1-2-2下図のような将来の市民に対する社会的便益があり、次世代への富の移転を促します。2030年に4.0兆円程度の「国民負担」があったとしても、それは将来必要となる投資であり、その投資を怠ると将来の国民がより大きな被害額を被る可能性すらあります。

便益という概念がすっかり抜け落ちてコストばかりを議論するとしたらそれはコスト圧縮論にしかならず、投資を控えてデフレを積極的に推奨するようなものです。これは、「はじめに」の図0-1で示したような最適化問題のグラフを描くと視覚的にわかりやすく説明することができます。

図1-2-3　コストと便益の最適化問題

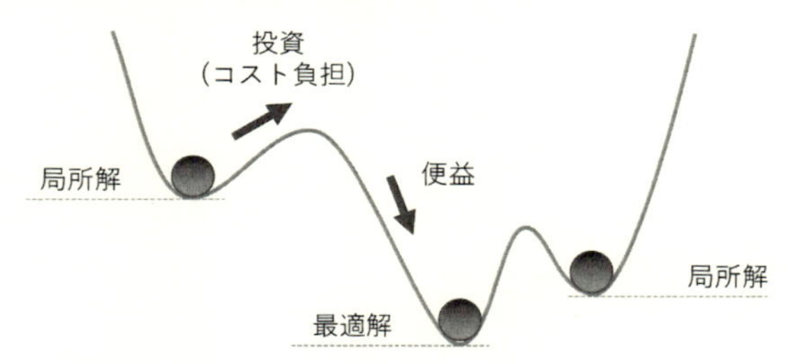

今までどおり (BAU) のやり方で、この対策コストを今我々の世代が支払わないとしたら、それは図1-2-3の局所解の位置にとどまり、将来に問題を先送りすることになります。先送りにすればするほど問題は悪化し、次に支払わなければならない対策コストも高くつくことになります。今まで居心地がよかった（と思い込んでいた）局所解から抜け出すには

確かに「コスト負担」が必要ですが、それは坂を乗り越えるための必要な「投資」です。そして、坂を乗り越えた後は新しい地平線が見えてきて、より大きな便益が得られる最適解に達することができるのです。社会的便益の概念なき国民負担論やコスト圧縮論は近視眼的で、持続可能性（サステナブル）がないということに留意すべきです。

便益が語られないニッポン

以上議論したように、再生可能エネルギーには便益がある、という重要な点が、せっかく政府（の一部の）機関から公表されているにも関わらず、その情報がメディアやネットではほとんど流れないのはなぜなのでしょうか？ 誰かが情報を操作しているから？ 知っていて隠している人がいるから？ 本書ではそんな陰謀論には加担しません。この点も冷静に分析してみたいと思います。

斯くいう筆者も、恥ずかしながら正直に告白すると、40代後半まで「便益」という言葉やその概念を知りませんでした。「はじめに」で述べたように、筆者は現在は縁あって経済学研究科に所属していますが、それまでは30年近く電気工学の分野の研究者でした。今から振り返ると、学生時代から電気工学のさまざまな分野を渡り歩いてきましたが、1回も便益という言葉に触れる場面がなく、それでも仕事や研究が成り立っていたということに愕然とします。工学系研究者として、技術のことばかり頭でっかちになって却って視野が狭くなっていないか？ 経済や政策など社会の仕組みも知らなくてよいのか？ とその後思い立ち、今日に至っています。

実際、筆者だけでなく、多くの理工系の研究者・エンジニアに聞いても、やはり便益という言葉を「知らない」という人は多いようです。理工系の中で「便益、当然知ってますよ」と答えるのは、主に土木系の研究者です（なぜかは次項で説明します）。一方、経済学の先生などに聞くと「知らなかったということを知らなかった」と言われてしまうほど、一部の分野では当たり前のように使われています。

ちなみに知識というのは、あることを知っていたらエラい、知らなかったらダメだ、という数直線上で表される上下関係や優劣関係ではありません（そう思い込んでいる人は多いかもしれませんが…）。ある分野では当たり前だけど別の分野ではさっぱり知られていない、という水平方向の関係性も存在します。それゆえ、「知っていたらエラい、知らなかったらダメ」というマウントの取り合いでなく、お互いが知っていることを教え合う異分野交流は新しい視野を広げてくれます。

筆者が講演会などでクイズやアンケートの一環として、「便益という言葉をご存知ですか？」という問いかけをすると、面白いことに、工学系・エンジニアの集まりではほとんどゼロ、市民団体では3〜5割くらい、地方自治体や省庁の方の集まりではほぼ全員、とその時々の聴衆のグループによって大きく変化します。複数の分野の間にクレパスのように大きな情報ギャップが横たわっているという状況は、日本の縦割り社会を象徴しているようです。

それゆえ、この「便益」という用語は、一部の研究者や実務者の間では当然のように知られていながら、それ以外の専門分野では全く使われず、当然、マスコミや市民の間でも日本ではまだ十分市民権を得ていないといえます。表1-2-2に示すとおり、筆者が再生可能エネルギーの便益について新聞のワード調査をした限りでも、メディアでこの用語が登場することは圧倒的に少ない状況です。再生可能エネルギーのコストについて述べた新聞記事は、各紙によって多少ばらつきますが、1年間で約300回、1日約1回の割合で紙面に登場します。一方、再生可能エネルギーの便益について書かれた記事は、1年間で1回しか紙面でお目にかかれないレアな出現確率となっています。

筆者もしばしば新聞やテレビのインタビューを受けますが、その中で「便益」という言葉を使っても、大抵、「読者にわかりやすいために」という理由で「メリット」や「恩恵」と自動的に書き換えられてしまいます。メリットや恩恵でも間違えではありませんが、前述したように貨幣価値に換算するなど、数値で示して客観的定量分析をするのが便益という概念の重要な意義であるといえるでしょう。メリットや恩恵では、な

表1-2-2　主要新聞におけるコスト・便益のワード調査（検索ヒット件数/年）

検索 キーワード	読売新聞	朝日新聞	毎日新聞	日本経済新聞	4紙平均
コスト or 費用	263.2	358.2	145.2	539.2	326.5
便益	1.0	2.0	0.2	1.2	1.1

調査期間：2010年1月1日～2015年11月10日（6年間平均）

調査対象（データベース）：読売新聞（ヨミダス歴史館）、朝日新聞（聞蔵ビジュアル）、毎日新聞（毎索）、日本経済新聞（日経テレコン）の本社版・地方版の朝刊夕刊の見出し・本文

検索キーワード：「コスト（費用）」＝「（コスト or 費用）and（再生可能エネルギー or 再生エネ or 再エネ or 風力 or 太陽光）」，「便益」＝「便益 and（再生可能エネルギー or 再生エネ or 再エネ or 風力 or 太陽光）」

んとなくふわっとした印象論や精神論しか出てきません。印象論や精神論は、最初から再生可能エネルギーが良いものだと思っている人たちの心には響くでしょうが、再生可能エネルギーに疑問を持っていたり、他の電源の方が優れていると思っている人たちに対しては全く説得力はありません。彼らを（あるいは態度を保留している人やそもそも関心があまりない人たちを）説得するには、数字で勝負しなければなりません。

筆者も新聞記者の方に「この便益という概念を広めたいのでぜひ使って下さい」と説得し、「わかりました。では使いましょう」と記者さんも納得してくれると、次はデスクのチェックで赤が入り、また「メリット」や「恩恵」に直されてしまいます。そんなやり取りの繰り返しですが、最近はようやく新聞でも「便益」がちらほらと目につくようになってきています。表1-2-2のいくつかのヒット数の中にも、筆者のインタビューや短評が含まれています。

便益という用語が全く使われず、その概念が一般の人々にも流布しないまま、一方で再生可能エネルギーのコストばかりが注目され、「再生可能エネルギーのコストは高い」、「国民負担だ」という議論が先行したとしたら、それは、一般企業が利潤を一切考えないまま投資額だけを議論するのと同じで、バランスの欠いた視野狭窄的な議論と言わざるを得ません。逆に、再生可能エネルギーについて語る際に便益という概念が議論の中心となると、投資の正当性が評価され、それに携わる企業や投資家も市民から評価されることになるでしょう（詳細は2.4節参照）。再生可能エネルギーは便益を生み出し、将来の市民への富の移転になるので

すから。

費用便益分析という文化

さて、前項で、理工系の研究者は便益という用語をあまり知らないが、土木系であれば知っている人が多い、というエピソードを紹介しました。なぜ彼らが理工系の中では例外的にこの用語を使うかというと、それは公共事業と密接に関連するからです。

道路や橋、あるいは公共の建物を建設する際は、私企業の投資ではなく、国民や地域住民に広く薄く負担してもらった税金が必要になります。そのため、国民や地域住民に対して、なぜその道路や橋や建物が必要かをきちんと説明しなければなりません。便益は、客観的方法で定量化し(数字で表し)、コストと同様に比較することが重要です。なんとなくふわっと「再生可能エネルギーは（なんだかよくわからないけど）メリットがあるものだ！」とか「再生可能エネルギーは（どんぶり勘定だけど）国民負担だ！」という議論だけでは水掛け論にしかなりません。あくまで数字で勝負することが重要です。

そのため公共分野では、かけたコスト（費用）に対して、国民や地域住民に還元される社会的便益があることを示すために、**費用便益分析 CBA: Cost-Benefit Analysis**が行われるのが一般的です。昨今では（特に欧米では）CBAをしないと門前払いでスタート地点にすら立てない場合もあります。CBAでは、かけたコスト(C)に対して将来得られる便益(B)の比（**費用便益比 CBR: Cost-Benefit Ratio**）が1より大きくなれば、そのプロジェクトは正当性を持つことになります。

ちなみにCBAを行い、CBRが1を超える時によく使われる英語表現は“justified” です。辞書的には「正当化された」、「根拠がある」と訳されることも多いですが、日本語で「正当化」というと、昨今は「黒いものも白という」ようなネガティブな意味合いも帯びつつあるので、なかなかこの定量的客観評価のニュアンスや背景にある概念がうまく伝わりません。しかしこのような場面で「正義 (justice)」の派生語が登場するのは、欧州や米国の研究者・技術者の発想を理解する上で、非常に重要なことかもしれません。

このように、公共事業ではCBAという文化が既に成熟しているようです。事実、国土交通省ではその名も『費用便益分析マニュアル』という文書を発行しています。これによると、例えば図1-2-4に示すように、道路整備の便益は「走行時間短縮」であったり「走行経費減少」であったり「交通事故減少」であったりします。そしてそれらの貨幣価値に社会的割引率をかけて、現在価値に換算します。それが総便益となります。さらに、想定される費用と比較して、CBRが1より大きくなれば、その道路整備プロジェクトは正当性を持つことになります。

図1-2-4　国土交通省による道路の費用便益分析のフローチャート

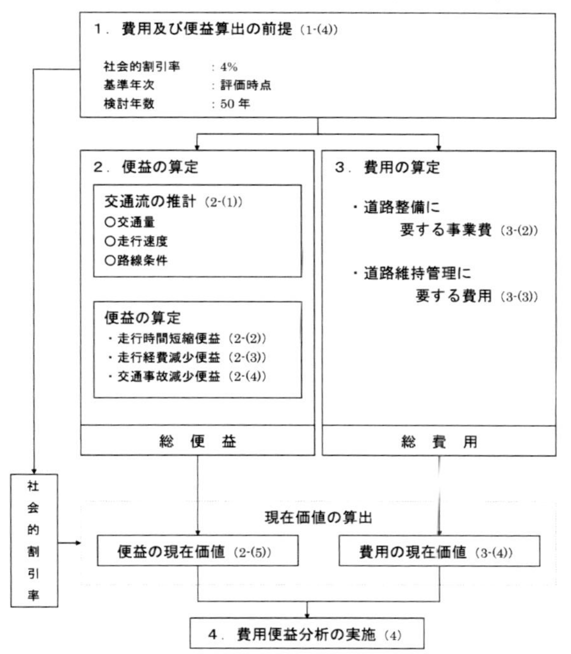

このような費用便益分析は、日本ではある分野（特に公共政策や土木工学など）では当たり前のように行われているものの、それ以外の分野（例えば電力分野）では実はほとんど議論されていない、という点を押さ

えておくことは重要です。

一方、欧州や北米では、一足先に発送電分離が進み、送配電線は公共財に近いものとなっているため、そのような財に投資をするためには、透明性高く費用便益分析を行い、客観評価しなければなりません。海外では、とりわけ欧州や北米では、このような費用便益分析が、学術論文レベルから産業界、政府、国際プロジェクトに至るまでさまざまなステークホルダーから公表されています。むしろ産業界全体で費用便益分析を競い合っているかのようで、文字どおり百花繚乱です。

さらに日本では、新聞やテレビなどメディアでもこの「便益」もしくは「費用便益分析」という専門用語がほとんど紹介されず、一般市民にとっては縁遠い言葉であるという点も留意すべきです。あまり耳にしない、縁遠いということは、無関心や無理解を生みやすい土壌が形成されてしまっている、ということになります。

本来コストを考える際には必ず便益も考慮しなければならず、将来得られる便益がこれまでかけたコストを上回ることがその技術や方式の成否を決める鍵となります。便益を定量化せずにコストのみを語ることは、その技術を推進する者にとっても反対する者にとっても感覚論的な極端な二元論に陥ってしまう危険性を孕んでいると言えます。もし我が国で「便益」という用語・概念が一般に浸透していないとしたら、それはその概念や思想自体が多くの市民や政策決定者の頭からすっぽり抜け落ちていることに他なりません。

再生可能エネルギーについても、便益のことが全く語られずコストばかりが強調されたら、それは確かに市民にとって無駄な迷惑設備にしか映らないでしょう。しかし、再生可能エネルギーには化石燃料の削減やCO_2排出量の抑制など、確実に「便益」があります。だからこそコストをかけても導入する価値があり、そしてその便益は、限られた企業や限られた人々の利益とは異なり、電力消費者ひいては国民全体に分配されるものなのです。

以上、前節では「外部コスト」、本節では「便益」という2つの重要なキーワードを紹介しました。地球上の多くの国や地域が国家戦略上躍起になって再生可能エネルギーの導入に力を入れ、投資家や金融機関が積極的に再生可能エネルギーに投資を行っている理由は、この外部コストと便益の定量評価を行い、合理的意思決定として、再生可能エネルギーを選択しているからだといえます。なんとなくふわっとした「地球に優しい」というイメージではなく、国を賭けたしたたかな生き残り戦略です。そして日本語だけで海外ニュースを見聞きする限り、「外部コスト」や「便益」という言葉はほとんど登場せず、この言葉や概念を多くの市民が十分知らされていなかったとしたら、海外ではなぜこのような状況になっているかを正確に分析できないかもしれません。それが、日本が現在陥っている最も深刻な情報ギャップの一つであると筆者は考えています。

1.3　再生可能エネルギーは安全保障の切り札である

『エネルギー基本計画』を始め多くの政府の文書では、「3E+S」という表現が随所に登場します。これはEnergy Security（安定供給）、Economic Efficiency（経済効率性）、Environment（環境）の3つのEとSafety（安全性）を意味します。

このうち、「安定供給」に関しては、再生可能エネルギーは「不安定」で「あてにならない」イメージが日本でまだ根強く残っていますが、実は安全保障の観点から見たエネルギーの安定供給に関しては、再生可能エネルギーはとても優れた電源であるといえます。

…というと、「再生可能エネルギーが安定だなんて、そんなバカな！」という反論もあちこちから聞こえてきそうですが、やはりここではなんとなくのイメージではなく、技術的・経済的観点から、問題を切り分けて分析的に考えていきたいと思います。

ちなみに、**安全保障 security**とは、何も軍事的問題に関するものに限った話ではありません。**エネルギーの安定供給**や**電力の安定供給**という用語も、英語では**energy security**ないし**security of supply**と訳され、securityという単語がちゃんと入っており、本来、立派な国家安全保障の一環なのです。

そもそもエネルギーの安定供給とは何か？

「エネルギーの安定供給」もしくは「電力の安定供給」というと、多くの人は火力や原子力を頭に思い浮かべるかもしれません。確かに、これらのエネルギー源や電源は、消費者から見ればいつでも好きな時に好きなだけ入手できるように見えます。しかし、それは本当でしょうか？

例えば、今後数年、石油価格はどれほど変わるでしょうか？ こればかりはどんな専門家でも正確には当てられません。そして実際、中東や南米やロシアなどの地域の紛争や政変などによってちょっとした地政学的リスクが高まっただけで（最近はそれに米国の大統領の発言が加わっています）、石油価格やガス価格は大きく乱高下する可能性があります。このような乱高下は**ボラティリティ volatility**といわれ、経済不安や政情不安の要因になります。日本は現在、発電のための一次エネルギーの自給率はわずか8%です[1.17]。国の経済活動の根幹であるエネルギー供給を、どこかの国の為政者の気まぐれや、テロリストの陰謀でコロコロとジェットコースターのように振り回されてはたまりません。

では、再生可能エネルギーはどうでしょうか？ 再生可能エネルギーの中でも風力発電と太陽光発電は、入力エネルギーが変動する風や太陽光であるため、自然変動電源または**変動性再生可能エネルギー VRE: Variable Renewable Energy**と呼ばれ、確かに変動性はありますが、それはどのタイムスケールで変動するかを切り分けて考えなければなりません。タイムスケールは、以下のように分類することができます[1.18]。

(a) 数十秒～数分の変動：
　広域で複数の風車を「集合化」すれば事実上問題ない
(b) 数十分の変動：
　発電電力量ベースで15～20%の導入率までは問題ない
(c) 数時間の変動：
　風力発電の出力予測と市場設計により従来技術で対応可能
(d) 数日間の変動：系統運用上特に問題ない
(e) 数ヶ月の変動：季節間の変動は大きいが予測しやすい
(f) 数年の変動　：非常に安定で最も予測しやすい

多くの人が抱いている「再生可能エネルギーは不安定だ」というイメー

ジは、このうち(a)〜(c)の電力システムの運用に直接関係するタイムスケールに大きく関連するものと想像できます。

実は電力工学には「安定な電源」という用語や概念はありません。どの電源や送電線も雷や台風などで突然線路が切れたり絶縁故障したりすることもあり、そのような事故・故障があったとしても電力システム全体で、安定度や信頼性を保つように設計されています。つまり、安定度や信頼性が議論される対象は個々の電源ではなく、電力システム全体である、という発想です。

例えば(a)の数十秒オーダーの変動は、実は再生可能エネルギーのような分散型の発電設備の出力変動よりは、大きな集中型の電源（原子力発電や火力発電）や超高圧送電線の事故による突発的な変動の方がより深刻で、電力システム全体でその万全の対策を備えなければなりません。そして、そのような電力工学上の常識は、一般にはなかなか浸透していないかもしれません。

大きな電源（原子力発電所や大型火力発電所）につながる送電線が突然切れた場合、瞬時に数百MW〜1GW（数十〜百万kW）もの電力がゼロとなり、極めて大きな変動が発生します。2018年9月に発生した北海道胆振（いぶり）東部地震およびそれに伴うブラックアウト（全域停電）は、多くの読者の記憶に新しいと思いますが、これは石炭火力の発電機3台と4つの送電線の故障に起因する需給バランスの崩壊の結果です。大型火力の電源脱落による周波数動揺は、再生可能エネルギーの出力変動で発生する動揺の比ではありません。再生可能エネルギーは分散型電源であるため、たとえある地域のメガソーラーに突然雲がかかったりウィンドファームに吹いていた風が突然止んだりしても、原子力や大型火力の突発的な停止よりははるかに変化時間も緩やかで、かつ変動幅も小さいものになります。

同様に、(b)〜(c)も諸外国の研究や運用実績により、相当数の再生可能エネルギーが導入される段階までは、現在の技術でも十分運用が可能であることが実証されています。変動性再生可能エネルギーは「変動するから直ちにアウト！」ではなく（そもそも需要も変動しますし）、「その変動成分を電力システム全体でどこまでコントロールできるか？」が21世紀の電力システムの考え方になってきています。この点についての詳細は、本シリーズ続刊の『系統連系編』でさらに詳しく記述する予定です。

さて、安全保障の観点から最も重要なのは(f)の数年間の変動のタイムスケールです。エネルギー安全保障の観点からは、年単位の長期的展望や戦略を立てなければなりません。再生可能エネルギーの中でも特に風力発電は、風が吹く量は年ごとでそれほど劇的に変わらないため、毎年どの程度の発電電力量 (kWh) を発電するかは、かなり正確に予測することが可能です。ちなみに水力発電は豊水年と渇水年の差が激しい地域もあり、現在の人類の予測技術では、それを長期に予測することはなかなか難しい段階ですが、燃料は無料で国産です。太陽光は水と風の間くらいの長期変動性となります[1.18]。

したがって、長期のエネルギービジョンを考えなければならない政府や、比較的息の長い投資回収計画を立てなければならない投資家にとっては、風力発電を筆頭とする再生可能エネルギーは必然的に「優良物件」に映ります。一度建設して適切にメンテナンスをすれば、20年間故障も少なくできる技術が既に確立されています。長期的に安定した国産100%の無料の燃料（風、水、太陽光）の供給が見込め、地政学的リスクや市場リスク・政策リスクにも左右されず投資が回収できるという電源は、長期のエネルギーの安全保障の観点からは、とても信頼性の高い電源と映ります。

災害やテロに対するレジリエンスとしての再生可能エネルギー

さらに、風力や太陽光は分散型電源であるため、災害やテロに強靭でレジリエンス（復元力・耐久力）が高いとされています。例えば、原子力発電所や大型火力、ダムなどは、局地的な災害やテロが万一あった際には、一度に数百MW～1GW（数十～百万kW）の容量が失われるだけでなく、周辺地域に甚大な被害を及ぼす可能性があります。一方、広域に大量に分散した1〜数MWの風力や太陽光の発電所が一つひとつ全て破壊されるというケースは確率論的に極めて少なくなります。また、万一発電所が破壊されても、放射性物質が飛散したり大火災・大洪水が起こる心配はほぼありません。想定される限りの「大事故」を発電所が被っても第三者への被害のリスクが（ゼロではないものの）相対的に非常に小さいのが分散型の再生可能エネルギーの特徴でもあります。

地震などの自然災害に対しても同様です。例えば2011年の東日本大震災では、日本風力発電協会(JWPA)会員企業が所有する199の風力発電所（1,150基）のうち、地震により運転不能となった風車は1基もなく、JWPA会員企業外でも具体的な被害報告はごくわずかにとどまっています [1.19]。前項で触れた2018年北海道ブラックアウトの際にも、自宅の屋根に太陽光パネルをつけていた家庭の約85%が停電後に手動で自立運転モードに切り替えることができ、停電時に有効に活用できたと多くの人がアンケートに回答しています[1.20]。現時点では住宅用太陽光のみの措置であり、公民館や市役所などの公共設備、さらには街やコミュニティ単位での災害時の独立運転には、まだ法整備や技術的な課題もありますが、2018年の台風や集中豪雨、地震などの自然災害の多発を受けて、日本でもこの議論が急速に進展することが期待されます。

地政学的リスクが少ない再生可能エネルギー

日本でも2018年の集中豪雨や極端な高温で、多くの人々が気候変動の深刻性についてようやく実感してきました。気候変動に関してIPCC（気候変動に関する政府間パネル）という国際的な機関で毎年会合が持たれているのもそのためです。多くの（多数の、ではなく莫大な）科学的知見によって、近い将来、地球温暖化や極端気象を含む気候変動が進むことがかなりの確率で予測されており、その原因は人為的なものであることがかなりの確率で確からしくなっています。

このような極端気象の頻度が高くなると、日照りや水害などで農作物の収穫に影響が出始め、特に農業技術が進んでいない発展途上国で食糧不足が誘発される可能性が高くなります。食糧不足は、治安悪化や難民の発生を招き、現在よりももっと深刻な地政学的リスクを発生させることになります。それゆえ各国政府はエネルギー安全保障だけでなく、地政学的安全保障、軍事的安全保障という観点からもこの気候変動の影響に対して具体的な手を打ち始めているのです。

また、地政学的リスクが少ない資源として石炭を挙げる人もいます。確かに石炭は、友好国かつ紛争地域を経由しない輸送ルートが取れるオーストラリアなどから輸入するなど、地政学的リスクに対してはうまく対応できそうです。しかしこの考え方も視野狭窄的であり、石炭は将来ファイナンシャルリスクに常に晒されるリスクの高い資源になる可能性が高まっています。**ダイベストメント**（投資引き揚げ）と呼ばれる運動により、石炭への投資が好ましくないという考え方が地球規模で広がっています（2.4節で詳述）。この運動は元々環境団体や市民団体から発展したため、日本ではエモーショナルな運動に過ぎないと軽視している人も（特に産業界の中には）多いようですが、1.1節で述べたとおり外部コストの大きさという観点から、合理的帰結として石炭に投資をしないという判断を下す金融機関や投資家も増えており、この流れはもはや一過性のエモーショナルなブームではなく、地球規模の合理的・不可逆的な投資判断だといえます。

また、石炭を筆頭とする化石燃料の消費に対して高い炭素税（2.2節で詳述）をかける国も増えており、日本でも将来そのような政策変更が行われる可能性もゼロではありません。もし将来に亘ってそのような政策変更がないとしたら国際的な圧力がかかり、ますます日本の国際的発言力は低下するでしょう。一部の途上国では依然として（見かけ上）安い石炭を使い続ける予測も公表されていますが[1.21],[1.22]、先進国の中で日本だけが逆張り的にこれに追従するとすれば、それはかなりリスクの高いギャンブルに国民を巻き込むことになりかねないでしょう。

世界の多くの国や投資家が再生可能エネルギーに関心を寄せているのは、単に「地球に優しい」などというエモーショナルな理由ではありません。皆、国として生き残りを賭けた、さらに可能であればエネルギーの分野で国際的に優位な立場を取ることを考えての行動なのです。1.1節と1.2節で述べた外部コストや便益という観点に加え、安全保障という観点からも、再生可能エネルギーは安全で確実でリスクの低い経済合理性にかなった最適な選択肢であるという考えのもとに選ばれているのです。

2

第2章　我々の「システム」は完壁だろうか？

◉

2.1　我々の現在のシステムは実はうまくいっていない

我々の現在の社会システムはうまくいっているでしょうか？ 特に、本書の対象である電力システムやエネルギーシステムは完璧でしょうか？

これは「Yes」か「No」かの二者択一問題ではありません。電力システムやエネルギーシステムに限らず、全ての社会システムは「まあまあうまくいっている」部分と「まだまだうまくいっていない」部分の両者が、悲しいかな混在するのが現状です。しかも「うまくいっている」部分と「うまくいっていない」部分は、人によってあるいは判断基準によって評価が違うことも多いようです。いずれにせよ、残念ながら人類は「万事全てうまくいっている」、「完璧だ」という社会システムを未だかつて構築できた試しはなく、現実の社会システムは常に何らかの綻びや矛盾を抱えながら、理想的で完璧な状態を目指して少しずつ（時には後戻りしながら）進んでいるのです。

最適な状態と「市場の失敗」

1.1節では外部コスト（とりわけ負の外部コスト）について紹介しましたが、石炭を始めとする火力発電は大きな外部コストがあることが多くの学術研究から明らかになっています。それはとりもなおさず、誰かに何らかの負担をかけてその上で我々の快適な生活が成り立っていることを意味します。これは理想的で完璧な状態といえるでしょうか？ 理想的で完璧な状態というものがあるとするならば、どのような状態でしょうか？

経済学では（もしかしたら人類がまだ経験していない）この理想的で完璧な状態を**パレート最適 Pareto optimal**と呼びます。パレートというのはこの概念を提唱した20世紀前半の経済学者であるヴィルフレド・パレートから取られた名前です。例えば、『経済用語辞典』によると、パレート最適とは、

・ 経済学における資源配分の効率性の基準となる概念がパレート最適であり、ある人の状態を悪化させることなしに、ほかの誰かの厚生を改善することができないような状態を指す

とあります[2.1]。

パレート最適が実現できる条件としては、

・ 市場の失敗が存在しなければ、完全競争で達成される均衡は常にパレート最適である

とされ[2.1]、これは一般に**厚生経済学の第一基本定理**と呼ばれています。つまり、我々の社会が理想的でも完璧でもない（パレート最適でない）としたら、それは**市場の失敗 market failure**が存在しているからだといえます。

市場の失敗が発生する要因は、多くの経済学の教科書では主に3つあるとされ、

① 市場支配力が存在する（独占・寡占が存在する）こと。
② 財・サービスの消費または生産に伴う外部性が存在すること。
③ 財・サービスに関する情報の非対称性が存在すること。

が挙げられます（もちろんこれが全てでなく他の要因を挙げる書籍もあります）。

①の市場支配力が存在する（独占・寡占が存在する）ことについては、

例えば「独占禁止法」などからもイメージできるとおり、競争的市場環境では、**独占 monopoly**や**寡占 oligopoly**は価格操作が行いやすくなり好ましい状況ではありません。完全競争市場では、各プレーヤーは相場を見ながら売買の意思決定を行いますが、市場に1社もしくは少数しか存在しない場合、そのような企業の供給量がそのまま市場供給量となるため、特定の企業が供給量を操作することにより価格を操作すること（このような影響力を**市場支配力 market power**といいます）が容易になります。もちろん、ある一定の条件では独占も条件付きで許容される場合もありますが、本来、自由競争の部門に市場支配力を持つプレーヤーが存在すると、市場は歪みやすくなります。

②については、ここで再び外部性が登場します。既に1.1節で述べたとおり石炭を始めとする火力発電は大きな外部コストがあり、そのことはすなわち、外部性を解消しないまま火力発電を使い続ける限り、常に「市場の失敗」の状態が解消されないことを意味します。

情報の非対称性の怖さ

最後の③の**情報の非対称性 information asymmetry**とは、市場における取引主体が保有する情報に差がある時の不均等な情報構造のことを指します。完全競争市場では、消費者や企業が最適な行動を選択するために必要な情報（例えば財やサービスの市場価格）が全ての市場プレーヤーに行き渡っていることが前提ですが、現実の市場環境ではなかなか理想どおりにはいきません。ある市場プレーヤーは絶大な資金と業界の地位を利用して多くのデータを有している（場合によっては囲い込んでいる）のに対し、小規模な会社や個人といったプレーヤーはその情報に容易にアクセスできなかったり、とハードルがある場合もあります。

一般に生産者（大企業など）は自ら提供する財やサービスの価値や質をよく知っており、一方で消費者はその価値や質について断片的な情報しか与えられないまま購入しています。例えば1.1節で述べた農産物の例をとると、スーパーのラベルに原産地や生産者、添加物なども書かれていますが、使われた農薬や抗生剤、肥育ホルモンの種類や使用量まで書かれているものはほとんどなく（せいぜい「無農薬」、「低農薬」くらい）、やはり情報は断片的です。

このようにアクセスできる情報が限られた状態では、高い質を持った財やサービスの売買が成立せず、質の悪いものだけが低い価格で売買されやすい傾向となります。火力発電や原子力発電についても一般の人たちに外部コストの情報がほとんど知らされていなければ、見かけのコストが安いという理由だけでそれらの電源が選択されがちです。これは結果的に経済合理的ではない選択をしてしまうという意味で、**逆選択 adverse selection** と呼ばれます。

一般に「市場主義」というと弱肉強食の世界で参加する市場プレーヤーにも自己責任論がまかりとおりそうですが、それはあくまで「公平」で「非差別的」な環境が整備された上での話です。情報アクセスに関しては、単に市場まかせで放置していただけでは公平でなかったり差別的な環境になりやすい傾向にあります。情報アクセスに関して一般に不利な立場に置かれている消費者の保護のためには、日本でも「消費者保護法」などの法律や「消費者委員会」という規制機関が存在し、一定のフェイルセーフ体制はできあがっています。

一方、近年は生産 produce も消費 consume も同時に行う**プロシューマー prosumer** という新しい形態のプレーヤーも登場しています。我々消費者は、これまで国や大企業から一方通行で供給される財やサービスを消費するだけでしたが、例えばメルカリやウーバーのように自ら財やサービスを供給する側にも回り、商品の流通も双方向になるというビジネスモデルが隆盛しつつあるのが21世紀の社会です。本書のテーマである電力やエネルギーも、中央集権型ではなく分散型電源が主役の「エネルギーの民主化」の時代になってきています。

このエネルギーの民主化を担うプロシューマーは従来の消費者と同じ人たちが担う場合も多く、情報の非対称性が強く一般に不利な立場に置かれています。例えば、新規電源を接続する際に送電線の空容量がどのように決定されているか、多くの新規プレーヤー（特に再生可能エネルギーの発電事業者）には不明瞭です（これについての詳細は、拙著『送電線は行列のできるガラガラのそば屋さん？』，インプレスR&D (2018)をご参照下さい）。

現在の日本では、特に投資や起業、取引に関しては自己責任論が根強いですが、太陽光や小水力、小規模な風力発電などの事業者は消費者や市民が参画したり中小企業・ベンチャー企業も多く、従来のエネルギー産業の担い手からすると圧倒的に規模が小さいため、情報アクセスで不利な立場にあります。このような情報の非対称性がある中で、情報アクセスで不利な小規模プレーヤーは確かに「生産者」ではあるでしょうが、従来の大企業や大規模生産者と同様に単純に自己責任論が適用されるのは、経済学的に公平性があるとはいえません。

「市場の失敗」を是正するのは誰か

以上のように、①市場支配力、②外部性、③情報の非対称性、が存在すると市場は失敗します。そうです、我々人類が作り上げた市場は、完璧で最適な状態に到達していない以上、常に何らかの形で失敗し続けているのです。我々はこのことを冷静に認識して向き合わなければなりません。

我々の日本の社会は、停電も世界最高レベルに少なく（本シリーズ『電力システム編』第3章参照）、安定した電力供給のおかげでそこそこ快適な生活が維持できています。もしかしたら現在の電力システムが「理想的な完成形」あるいはそこそこそれに近い状態だと思っている人も少なくないかもしれません。しかし、今現状、我々自身（あるいは一部の人たち）がそこそこ満足していたとしても、大きな外部コストを発生させ、誰かに迷惑をかけたり、問題を未来に先送りしたりするシステムは、はたして「理想的な完成形」といえるでしょうか？

決して非難するわけではなく、冷静な経済学的考察の帰結として、我々の電力システムは「市場の失敗」の状態にあるといえます。図0-1で用いたグラフを多少アレンジすると、図2-1-1のような形で、現在の我々の電力システムの立ち位置を描写することができます。現状のシステムに満足している（そこそこうまくいっていると思っている）人ほど、再生可能エネルギーのような新しい技術が導入されると、「うまくいっている現状」が脅かされるのではないかと不安に感じるかもしれません。しかし、我々のシステムは「うまくいっていない」点も多いということを真摯に認識し、これらを改善させない限り、よりより点に到達することができないのです。

図2-1-1　現状と目指すべき最適解

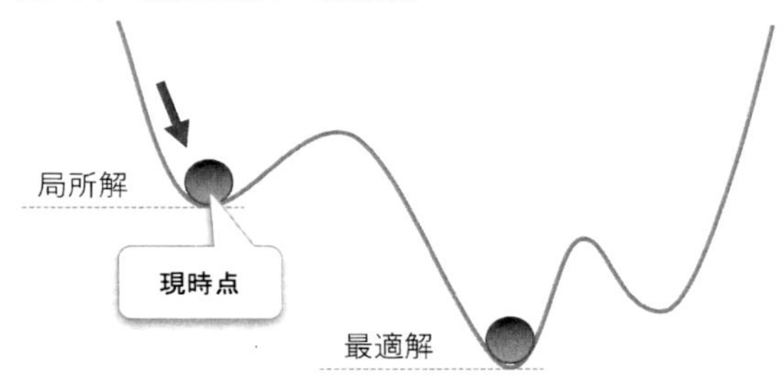

2.2 現状を是正しなければ問題は解決しない

前節で、我々の現在の社会システム（特に電力システム）は、残念ながら「市場の失敗」が発生しており、必ずしも完璧で万事うまくいっているシステムではない、ということを指摘しました。特に大きな負の外部コスト（1.1節参照）を出す石炭火力などの従来型電源を使い続ける限り、それは是正できません。では、どうすればその「うまくいっていない」部分を是正できるでしょうか？

まず日本で多くの人が真っ先に口にするのが、「新しい技術を導入する」とか「より高効率の機器を開発する」という考え方かもしれません。例えば高効率石炭火力とか、メタンハイドレートとか、科学技術立国ニッポンでは、何でも科学技術で解決できるという幻想をいまだ持ち続けている人も多いかもしれません。

もちろん、新しい技術の導入はすべきです（ちなみに再生可能エネルギーは、その問題を解決する新しい技術のうちの一つです）。しかし、技術的には実現可能になったとしても、そのコストが安くなり市場で従来技術と戦えるかどうかは未知数です。よちよち歩きの赤ん坊や小学生をリングに上げ、「自己責任」で大の大人と対等に戦って下さい、というのはさすがに公平さに欠けます。しかもその大人が既に反則技（外部不経済の発生）を使っている場合はなおさらです。

このような状況は、単に新たな技術の導入だけでは解決できません。まずすべきことは「市場の失敗」を是正するために政府が介入することです。特に外部性を是正することを外部性の**内部化 internalization** といいます。

1.1節で、外部コストは売り手Aさんと買い手Bさんの取引の「外」に出てしまった隠れたコストだということを述べました。本来必要な対策を行うべきところを行わなかった分だけ（不自然に）安くなり、売り手Aさんと買い手Bさんは共にハッピーですが、この商取引に全く関係ないCさん（近隣住民、将来の地球市民）が迷惑を被る可能性があります。したがって、本来とるべき必要な対策コストを元のAさんとBさんの商取引の価格に反映させ、市場メカニズムの「内部」に戻してあげることから、内部化と呼ばれています。

政府が市場に介入して外部性を内部化する際の手段として最も代表的な例が「税」と「補助金」です。例えば、ある汚染物質を排出する企業に対しては、その汚染物質の排出に対して税をかけることで、汚染物質排出の抑制が進みます。また、税とは対照的に、汚染物質の排出を抑制する技術やそれを行う事業者に補助金を出す手段もあります。補助金やそれに類似する支援制度については3.1節で詳述するとして、本節ではCO_2排出などを抑制するための税として有名な**炭素税 carbon tax**について触れることにします。

「うまくいっていないシステム」を正常化するための炭素税

図2-2-1は世界各国の炭素税（国によってはCO_2税という名称）の税率の国際比較です。例えばスウェーデンは厳しい炭素税がかけられている国のうちの一つですが、現在、日本円に換算して15,670円/tCO_2もの税がかけられています。これは、スウェーデンでは負の外部コストを内部化するために（すなわち隠れたコストをきちんと市場価格に反映させるために）必要な額がこれほどの金額だと政府（規制機関）によって判断されたということを示します。他国もスウェーデンほどではありませんが、数千円台の税率をかけている国や州が複数見られ（税率は単純に経済学的な外部コストの内部化のためだけでなく、産業振興や景気対策などさまざまな要因で決まる場合が一般です）、その税率は年々高くなる傾向に

あります。

図2-2-1　世界各国の炭素税の税率

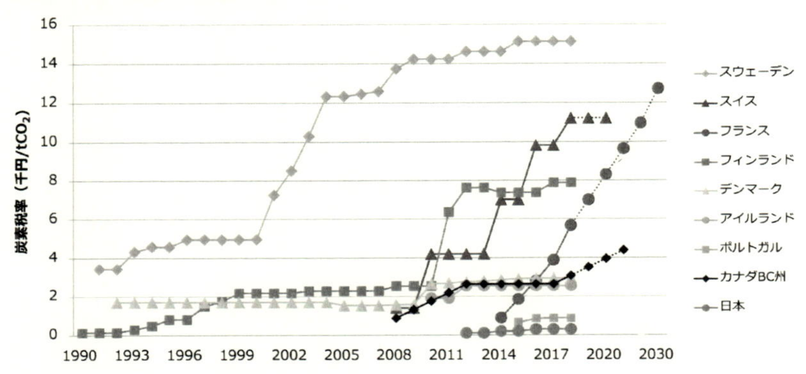

一方、日本は2012年の『地球温暖化対策基本法』の施行によって「温暖化対策税」という名の一種の環境税が導入されていますが、その税率はわずか289円/tCO_2であり、諸外国からすると大きく見劣りします。「炭素税」や「環境税」の導入はさまざまな議論が湧き上がっているものの、日本経済団体連合会（経団連）などの反対によって[2.2],[2.3]、本格的な実現には至っていません。

炭素税に対する反対や懐疑の声の中には、日本には石油・石炭税、揮発油税（いわゆるガソリン税）、軽油引取税などのエネルギー税が存在することを根拠に挙げるものもあります。また、税がかかることによる産業競争力の低下を指摘する主張もあります。そのような産業界の漠然とした不平や不安に対しては、やはりデータとエビデンスに基づく議論が必要です。この件に関しては、既に日本政府がそのエビデンスを提供してくれています。

図2-2-2は環境省が2018年7月に公表した炭素税に関する提言書[2.4]から引用したものです。ここで実効炭素価格とは、炭素税や上述のエネルギー税の合計値を指します。この図は道路輸送部門のみに特化したものですが、日本は世界の主要国の中でも税率が高い国であるとも言うことができます。

一方、図2-2-3は電力部門における実効炭素価格の国際比較です。なお

図2-2-2　道路輸送部門における主要国の実効炭素価格の比較（2012年）

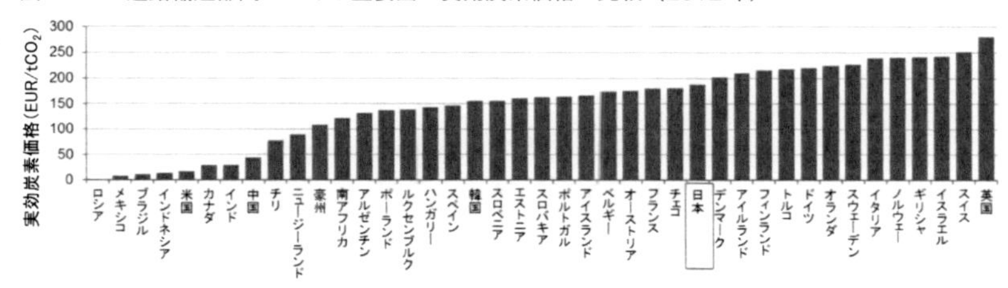

ここでは、炭素価格の中に排出量取引制度の価格（図中ETS）が含まれています（排出量取引制度は税ではありませんが、税の代わりに化石燃料の外部性を内部化するために市場メカニズムを用いた取引制度です）。図2-2-3では電力部門に突出して高い実効炭素価格を課している北欧諸国があるため、低位から中位の国々の差があまりないように見られますが、日本では他の多くの国に比べ十分な税やカーボンプライシング（後述）がかけられておらず低い水準にとどまっています。「他のエネルギー税があるからこれ以上炭素税は不要！」という主張は、このような国際比較の観点からもあまり説得力がないことがわかります。

図2-2-3　電力部門における主要国の実効炭素価格の比較（2012年）

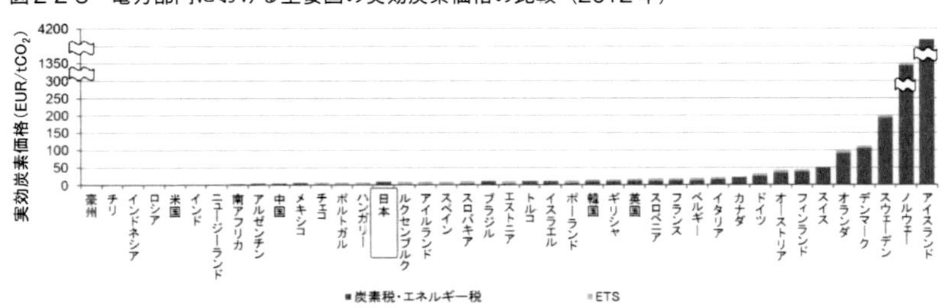

さらに、全部門総合の実効炭素価格（各国の部門別の実効炭素価格を部門別のエネルギー起源CO_2排出量で加重平均をとったもの）で国際比較を行うと、図2-2-4のようになり、やはり日本は多くの先進国に比べ低い水準にあることがわかります。もし炭素税を導入したことで国際競争力が落ちてしまうのであれば、図2-2-4で日本より上位にいる国は皆ことごとく国際競争力を落としているはずですが、どうやらそうでもなさそうです（むしろ日本より国際競争力が高いと評価されている国々が軒並

み並んでいます)。

図2-2-4　主要国の実効炭素価格の比較（2012年）

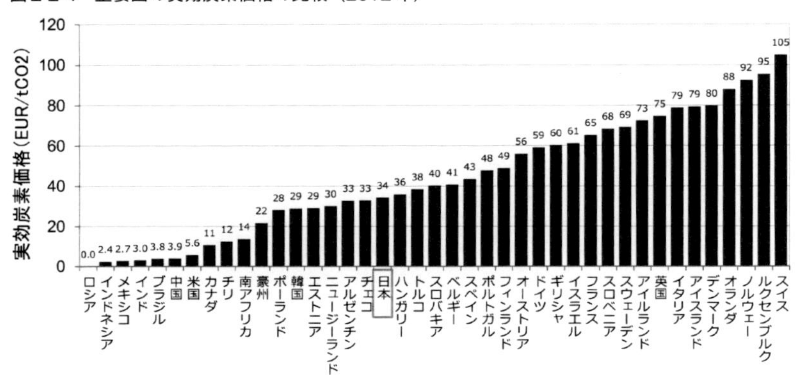

ところで、国際競争力や経済力の客観指標としては、従来、**生産性 productivity**が用いられていますが、これは、

$$生産性 = \frac{産出\,(output)}{投入\,(input)}$$

という単純な数式で表すことができるものです。ここで分母の投入には労働や資本を、分子の算出には生産量や付加価値額などを代入することができますが、特に分母に労働投入量、分子に労働による付加価値を選ぶと、

$$労働生産性 = \frac{付加価値額}{労働投入量}$$

というように、労働生産性と呼ばれる指標となります。

一方、近年では、気候変動対策の観点から、より少ない炭素投入量（温室効果ガス排出量)）でより高い付加価値を生み出すことが、中長期的な持続可能な経済成長を促すという「量ではなく質で稼ぐ経済」への転換を測るため、次式、

$$炭素生産性＝\frac{付加価値額}{炭素投入量（温室効果ガス排出量）}$$

のように、分母に炭素投入量（温室効果ガス排出量）を代入した**炭素生産性 carbon productivity**という新しい指標がクローズアップされています。

図2-2-5は環境省がまとめた炭素生産性の推移の国際比較ですが、日本は1990年代後半は世界的に優位であったものが、2000年代以降他の先進国にどんどん追い抜かれ、2010年代においてはむしろ先進国の中でも下位クラスに転落していることがわかります。このことは、多くの国がより少ない炭素投入量（温室効果ガス排出量）でより高い付加価値を生み出すよう努力しており、その成果を上げていることを意味します。日本は1990年頃までは「省エネ大国」だとか、これ以上対策を打てないぐらい対策を行っているという意味で「乾いた雑巾」だと言われたこともありましたが、その後「失われた20年」ですっかりその地位を失っているということに多くの人が目を背けているのかもしれません。

図2-2-5　主要国の炭素生産性の推移（左図: 当該年為替名目GDPベース、右図: 1995年基準実質自国通貨GDP）

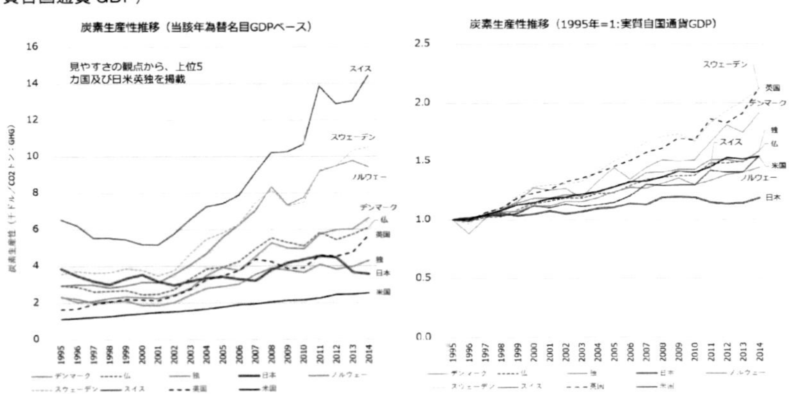

国際競争力や経済力に関しては、近年**デカップリング decoupling**という用語が環境分野や経済分野で流行っています。これは分離する、カッ

プルであったものが別れる、というほどの意味です。この分野にあてはめると、国の経済力を示す指標である国内総生産(GDP)とCO_2排出量は従来比例すると考えられていたものが、いやいやそうでない、CO_2排出量を下げてもGDPは維持できる（いやむしろ向上させることができる）という考え方あるいは現象のことです。実際文献 [2.4] では、図2-2-6に示すようなスウェーデンとスイスの例があげられています。スウェーデンでは1990年代前半から、スイスでは2000年代後半からGDPの曲線とCO_2排出量の曲線が別れを告げ、CO_2排出量を減らしてもGDPの成長を続けることができていることがわかります。

図2-2-6　スウェーデン(左)およびスイス(右)の実質GDPとCO_2排出量の推移

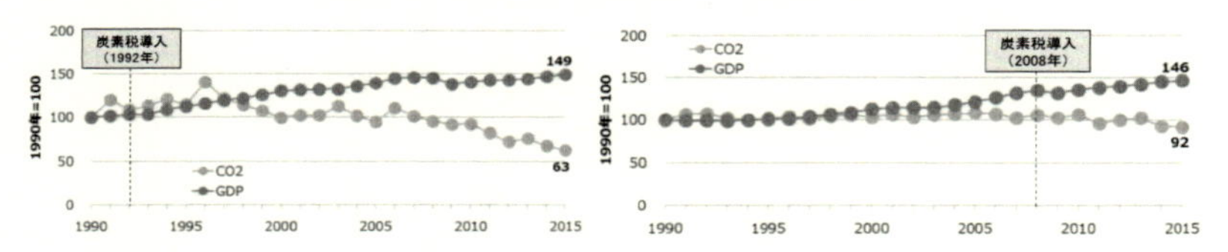

このように、世界各国と比較してみると、日本は「必ずしもうまくいっているわけではないシステム」を正常化するための努力（すなわち外部コストの内部化）がまだまだ足りていない状況であることがわかります。このような国際動向の中で、「炭素税を導入したことで国際競争力が落ちてしまう！」と主張し続ける企業や産業セクターがあったとしたら、それは「我々は工夫する能力がないので引き続き反則技を使わせて欲しい」と言うに等しく、それこそ国際競争に勝ち抜くことはできないでしょう。

カーボンプライシングという世界潮流

前節のような炭素税や排出権取引制度、種々のエネルギー税を総称したものは**カーボンプライシング carbon pricing**と呼ばれ、世界中の多くの国で現在推進されています。日本ではまだまだ知名度は低いかもしれませんが、もちろんカーボンプライシングの議論は政府内でも進んでおり、例えば2018年3月に公表された環境省のその名も『カーボンプライシングのあり方に関する検討会』の取りまとめ資料[2.5]では、カーボンプライシングの意義と効果について以下のように述べられています。

- 民間の経済主体の意思決定においては、需要側であれ供給側であれ「価格」が重要な要素となる。このため、気候変動対策においても、価格シグナルを通じてあらゆる主体の創意工夫を促すことができる経済的手法の重要性が増してきている。価格シグナルをきっかけに起こるイノベーションにより、炭素生産性の分母である温室効果ガスの排出削減を促進するとともに、分子についても、より高付加価値のビジネスへの移行を後押ししていくことが期待できる。
- こうした経済的手法として、温室効果ガス排出量に対して均一の価格を付ける「カーボンプライシング」がある。これによって、それまで無料で排出していた温室効果ガスの費用が「見える化」されることになる。

既に登場した炭素税や排出量取引、エネルギー税などをこのカーボンプライシング全体の考え方の中で整理して位置付けると、図2-2-7のようになります[2.5]。この中で、炭素税は排出量取引とともに明示的カーボンプライシングの中に位置付けられており、一方、エネルギー税などは暗示的カーボンプライシング（炭素価格）に分類されています。

図2-2-7　カーボンプライシングと炭素税の位置付け

図は前述の環境省の検討会資料[2.5]から引用したものですが、大元は経済協力開発機構 (OECD) が発行した報告書[2.6]から取られており、このような考え方が既に世界で（少なくとも先進国と呼ばれる国々の間では）合意形成が図られていることを意味します。

このような炭素税を含むカーボンプライシングの考え方は、前述のOECDだけでなく世界中のさまざまな国際機関や機構で同様の提言がなされています。例えば気候変動に関する政府間パネル (IPCC) は地球温暖化（気候変動）の対策に関する科学的根拠を調査する国際機関として有名ですが、その第5次評価報告書 (AR5) の第3作業部会報告書『気候変動の緩和』において、以下のように述べています[2.7]。

- 大幅な排出削減のためには投資パターンの大きな変更が必要である
- 規制的アプローチや情報的措置は広く用いられており、しばしば環境に効果的である
- いくつかの国では、GHG（筆者中：温室効果ガス） の排出削減に特に狙いを定めた税ベースの政策が、技術や他の政策と組み合わさり、GHG 排出と GDP の相関を弱めることに寄与してきた

また、「京都議定書」や「パリ協定」で有名な気候変動枠組条約締約国会議 (COP) でも、その傘下の「炭素価格ハイレベル委員会」の報告書[2.8]では、以下のような記述が見られます（日本語訳は環境省[2.5]による)。

- 適切に設計された炭素価格は、効率的な排出削減戦略において必須である
- 明示的なカーボンプライシングは、気候変動の外部性による市場の失敗を克服し、効率的に税収をもたらす
- 炭素価格だけでは、パリ協定の目標達成に必要な変化の全てがもたらされない可能性があり、市場の失敗、政府の失敗や他の不完全性に対処した、適切に設計された政策による補完が必要となり得る

さらに、国際機関の一つである世界銀行が公表した報告書[2.9]では炭素価格の適正化（化石燃料補助金の撤廃やカーボンプライシングの実施）が不可欠として、以下のように言及しています（日本語訳は環境省[2.5]による）。

- 化石燃料に対する補助金は、経済・環境・社会すべてを損なうものである。
- 化石燃料に対する補助金を撤廃することで、大幅な排出削減につながる。
- カーボンプライシングは、生産者と消費者の低炭素行動を促す。
- カーボンプライシングには、多くのコベネフィット（著者注：共通の便益）がある。
- カーボンプライシングの導入には根強い反対があるが、世界の経験から得られたコベネフィットの事例や、他の政策の組み合わせを駆使し、受容性を高めていくことが重要。

このような形で、国際的な議論はここ十数年の議論を経て大きく舵を切っていることが読み取れます。このような国際動向の中で、「他のエネルギー税があるからこれ以上炭素税は不要」という日本の（一部の）産業界の主張が仮に英訳されたとしたら、おそらく世界中の笑い者になることでしょう。上記で紹介したように政府（の一部）も日本の取り組みが国際水準に達するように努力を行いつつありますが、マスコミやネットではまだまだカーボンプライシングの議論は盛んとはいえず、国民の大きな関心に結びついているとはいえない状況です。

日本はエネルギー問題をとかく技術で突破しようとする傾向があるように見えます。もちろん素晴らしい要素技術に磨きをかけることも重要ですが、まずは世界潮流を分析し、足元の経済や政策の制度やシステム全体の設計を見直さないと、それらも砂上の楼閣に終わってしまう可能性があります。いくらイノベーションを頑張って素晴らしい要素技術を開発したとしても、世界市場では誰にも見向きもされないガラパゴス製

品を作ってしまうことになりかねません。イノベーションに関しては、
第4章で再び取り上げます。

2.3 レフェリーなしでは公平に戦えない

「市場の失敗」というと、その瞬間に「だから市場主義は信用できない！」という声も聞こえてきそうですが、その場合の対策は「市場を否定すること」や「市場に無関心になること」ではなく、「市場を是正すること」です。そしてその市場の失敗を是正するのは、政府(または規制機関)の役目です。例えば日本では、公正取引委員会や先に挙げた消費者委員会、運輸安全委員会などがニュースなどでもよく取り上げられる規制機関といえるでしょう。

市場とは、例えていうなら格闘技のリングと同じです（図2-3-1)。そこで戦うプレーヤー（市場参加者）は凶器や反則技などのズルをせずフェアに戦わなくてはなりません。この場合、「凶器や反則技」とは、市場支配力や負の外部性、不適切な情報囲い込みなどです。レフェリー（規制機関）は、プレーヤーがズルをしないように監視し、場合によっては警告や罰則などで、プレーに強制介入する権限と義務を負っています。また、レフェリー自身が特定のプレーヤーに有利に働くようなジャッジをしたり恣意的なルールの解釈・変更を行ってはなりません。

図2-3-1　市場という名のリング

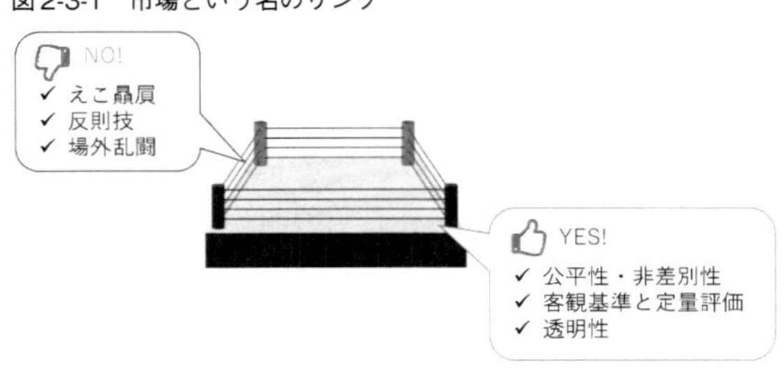

観客の対応も重要です。凶器や反則技や場外乱闘を好む観客が増え、自分の応援するプレーヤーがどんなにダーティーなプレーや八百長を行っても勝ちさえすれば拍手喝采するような風潮では、ますます市場は荒れるでしょう。

反則技や八百長を使っても勝ちさえすればよいという一部のプレーヤーはその市場で一時的によい思いをするかもしれませんが、そのような市場は多くの観客やプレーヤーから見放され、市場自体が衰退することになるでしょう。

あるプレーヤーがもし凶器や反則技を使っている疑いがあるとしたら、それに対抗する手段は、「我々も凶器や反則技で対抗する！」のではなく、「ズルはするな！」、「ちゃんと調べてくれ！」とレフェリーに訴え続けることです。また、レフェリーが特定のプレーヤーのえこ贔屓をしている疑いが少しでもあったならば、その場合「我々にもえこ贔屓をしてくれ！」と賄賂を渡したり圧力をかけて横車を押すのではなく、「ちゃんとフェアにジャッジしてくれ！」と訴えることです。

電力の世界では、とかく特定の発電方式に対して賛成や反対の応援合戦が繰り広げられますが、我々が本来議論すべきなのは「フェアにやること」です。そしてそのフェアなルールであることの基準が、第1章で述べた負の外部性がないか、将来の社会的便益(次世代への富の移転)があるか、なのです。

このような訴えは理想論に過ぎると一笑に付されるかもしれませんが、「パレート最適」という理想論を希求するのが本来の経済学です。「経済学は現実の社会では役に立たないよ！」と言う人もいるかもしれませんが、この混迷の現代社会において、誰かがズルをしたという理由で自分もズルをする権利を手に入れたと考えるのであれば、社会はますます荒れる一方です。理想のあるべき姿を指し示し、時間がかかっても回り道でもそこに向かって進む道を考えていくことは今後ますます重要になると筆者は考えています。

そもそも規制とは？

フェアなルールでリングで戦うためには公平なレフェリーが必要ですが、それが規制機関に相当します。ところで、そもそも規制とは、何でしょうか？ ニュースでもよく聞く言葉でもあり、本書でも特に説明なしに使ってきましたが、改めてここで規制とは何かについて考えてみたいと思います。

例えば「規制」という言葉を国語辞典で引くと、

- きせい【規制】 規則によって物事を制限すること[2.10]。

などのように「制限」という意味合いが強くなります。誰しも行動を制限されることは好まず、「自由にさせてくれ！」と文句を言いたくなるかもしれません。規制という言葉は、産業界だけでなく多くの一般の人にとってもネガティブに響くかもしれません。

一方、経済学的な規制の意味と基本目的は、例えば文献[2.11]によると以下のように説明されます（下線部筆者）。

- 経済政策の基本目的には、経済そのものに内在する構成的基本目的と経済を外から規制する規制的基本目的とが内在する。
- 経済はあくまで人間生活の一領域に過ぎず、経済生活においても、人間生活において守られるべき社会倫理的諸価値に配慮することが求められる。それゆえ、自由や正義といった社会倫理的諸価値に反する経済政策を策定することは許されず、この意味において、それらの諸価値は経済を外から規制する基本目的となってくるのである。

つまり、規制の本来の目的は、箸の上げ下げまで行動を制限して不自由にするという意味ではなく、自由など人間生活において守られるべき価値を守るためのものなのです。

一方、規制は本来、市場がうまく機能しない場合（すなわち市場の失敗）に限られるべきですが、しばしば過剰な規制が存在し、却って市場を歪める場合もあります（すなわち政府の失敗）。その場合、不必要な規制を緩和・撤廃し、市場メカニズムを活用しようとする「規制緩和」が行われます。

そもそも、本節冒頭で紹介したとおり、市場も失敗しますし、政府も失敗します。どちらかが良いか悪いかという対立関係ではなく、規制強化と規制緩和は、その時々の技術の進歩や社会環境によってダイナミックにせめぎあっているものと考えた方がよさそうです（図2-3-2）。

図2-3-2　市場と政府、規制強化と規制緩和のダイナミズム

例えば、本書のテーマである電力の分野に限って見渡したとしても、「電力自由化」が現在進展し、各家庭も自由に小売会社を選べることができるようになったというのは、まさに規制緩和の賜物です。ちなみに英語では、自由化も規制緩和も同じderegulation（すなわち規制regulationの反意語）と訳されます。発電会社も、これまで地域独占で参入が制限されていたものが、1990年代以降徐々に緩和され、今では「発電事業者」として経済産業省に登録されている事業者は600社以上に上ります（詳しくは本シリーズ『電力システム編』第2章をご覧下さい）。これも規制緩和の成果です。

一方、例えば太陽光や風力発電が事故を起こして問題になり、それを防止するために必要な装置の設置や保守点検が義務化されると、今度はこれは規制強化の動きとなります（詳しくは拙著『再生可能エネルギーのメンテナンスとリスクマネジメント』, インプレスR&D (2017) 第2章をご覧下さい）。このように、一般に現在の資本主義社会では、規制緩和と規制強化はどちらか一方向のみに収斂するのではなく、常にバランスをとりながらダイナミックに動いているのが現状です。

なお、もし規制緩和が究極まで達し、政府の市場への関与が極めて少なくなると、図2-3-3左図のように**小さな政府 small government**と呼ばれる状態になります（可愛らしい名前ですがれっきとした経済学用語です）。政府の経済政策や社会政策の規模は極めて小さくなり、市場への介入も最小限です。市場原理に基づく自由な競争によって経済成長を促進しやすいというメリットがありますが、市場の失敗が起きても政府の介入が期待できないため、社会格差が広がる可能性もあります。新自由主義（ネオリベラリズム）がこれに近いとされています。

一方、規制強化が究極まで達すると、今度は**大きな政府 big government**と呼ばれる状態になり（図2-3-3右図）、政府の経済政策や社会政策の規模はかなり大きくなり、市場への介入も積極的もしくは過剰になります。政府が経済活動に積極的に介入することにより社会資本を効率的に整備でき貧富の差も解消できるというメリットもある反面、公営独占企業の存在で市場が歪むことや、個人の自由が制限される可能性も指摘されています。旧ソビエト連邦や中国の社会主義がこれに近いでしょう。

図2-3-3　小さな政府(左)と大きな政府(右)のイメージ

本書では大きな政府の方が良いのか小さな政府の方が良いのかの価値判断は下しません。また、俗に言われている右か左かの議論にも組みしません。いずれにせよ、「市場の失敗」も「政府の失敗」もありながらも、規制のあり方で市場と政府の関係がダイナミックにせめぎあっているのが今日の多くの資本主義社会の現状であるということ、また、規制は単に禁止や制限ではなく、基本目的に「人間生活において守られるべき社会倫理的諸価値に配慮」があるということを念頭に置いて頂ければと思います。

規制機関の役割

なお、ここまで「政府」と「規制機関」をあまり区別せず、便宜上ほぼ同義に書いてきましたが、政府の一部であっても高い独立性と権限を持つ規制機関が存在する場合があります。例えば、ドイツでは連邦ネットワーク規制庁 (BnetzA、ドイツ語読みでベーネッツアー)、英国ではガス電力規制庁 (OFGEM) といった規制機関があり、欧州全体でも欧州エネルギー規制協力機関 (ACER)、さらに米国では連邦エネルギー規制庁 (FERC) といった組織があります。これらはいずれも独立規制機関であり、政府の特定の省庁から独立した存在で、トップや委員の人事権は立法府（議会）が握っている場合が多いです（米国の場合、FERCの長官や委員は大統領に任命権があるも上院の推薦が必要)。

独立規制機関は、行政機関の一部であるものの特定の省庁から独立しているため、省庁が法に基づいて適切な執行を行っているかをチェックする機関でもあります。通常の省庁が政策のアクセル役だとすれば、規制機関はいわばブレーキ役です。例えば米国では、エネルギー省 (DOE) 長官が要請した老朽石炭火力・原子力発電への支援措置をFERCの長官が拒否したことが一時話題になりましたが[2.12]、このようなことがしばしば起こるのはFERCの高い独立性のためといえます。

一方、日本では電力に関する規制機関は「電力・ガス取引監視等委員会」（以下、監視等委員会）という組織がありますが、これは経済産業省傘下のいわゆる**八条委員会**であり、特定の省庁の外局にある**三条委員会**ではありません。

いわゆる三条委員会とは、国家行政組織法第3条に基づく委員会（同様の権限を持つ内閣府設置法に基づき設置された委員会を含む）です。国家行政組織法第3条2項に「行政組織のために置かれる国の行政機関は、省、委員会及び庁とし」とあり、また同条3項には「委員会及び庁は、省に、その外局として置かれるものとする」（下線部筆者）と定められています。このように、府省の大臣から指揮監督を受けず、紛争にかかる裁定や斡旋、民間団体に対する規制を行う権限等が付与された高い独立性が保たれています。三条委員会の委員長や委員は、内閣が任命しますが、国会同意人事です。前述の公正取引委員会や運輸安全委員会、原子力規制委員会はこの三条委員会の代表例です。

それに対して、いわゆる八条委員会とは、国家行政組織法第8条に基づく委員会です。同法第8条に「第3条の国の行政機関には、法律の定める所掌事務の範囲内で、…合議制の機関を置くことができる」とあるとおり、特定の省の内部に設置される第三者組織のことを指します。委員長や委員の人事は所轄府省の大臣による任命です。監視等委員会は、同委員会ウェブサイトでは「電力・ガス・熱供給の自由化に当たり、市場の監視機能等を強化し、市場における健全な競争を促すために設立された、経済産業大臣直属の組織です」（下線部筆者）と位置付けられています[2.13]。

監視等委員会が2015年に設立され、電力とガスの取引に対して一定の監視・規制の体制が敷かれましたが、前述の米国のエピソードのように、規制機関の長が大臣の決定にNo!を突き付けるシーンは、現状の制度ではほとんど期待できないでしょう（一方、三条委員会である原子力規制委員会は、賛否両論あるものの、環境大臣や経済産業大臣の指揮監督を受けない独立した意思決定を行っています）。

この監視等委員会の設立までの過程では三条委員会にしてはどうかという議論もあったようですが[2.14]、結局紆余曲折の上、現行のとおり八条委員会としてスタートしたという経緯があります。公平で透明性の高い市場を実現するには、より独立性の高い権限の強い規制機関が望まれます。

規制機関は例えていうなら図2-3-1のフェアな競争環境を実現するためのレフェリーですが、そのジャッジはその場しのぎの主観や勘に任せるわけにはいきません。規制機関による評価も透明性高く客観的であるべきです。例えば、欧州の電力やエネルギーに関する規制機関の報告書を読むと、ベンチマーク（基準） benchmark やモニタリング（監視） monitoringという用語が頻繁に登場し、実際にその用語を冠した報告書も毎年のように発刊されています [2.15],[2.16]。

それらの報告書は、箸の上げ下げまで行動を制限するというガチガチの規制というイメージではなく、あらかじめ客観的な基準（多くの場合は数値設定）を設けて、その基準に到達したかどうか、あるいは多くの客観データを観測（監視）し、規制対象の行動や努力を数値やグラフといった客観情報で公表する（そして市民は誰でもその情報にアクセスできる）、というものです。これは後述の規制影響評価 (RIA) の一形態とも言えます。

電力自由化が一歩進んだ欧州の規制のあり方に、日本も学ぶべきところは多くありそうです。そして規制のあり方は、特定の部署や一部の専門家だけが関心をもって密室で決めるのではなく、多くの市民・国民が関心をもってその議論に参画することが理想です。

我々の社会は未だかつて完璧で最適な状態に到達していません。特に経済活動や市場ルールは人々の生活に直結し、現状に何らかの不満を抱いている人も多いかもしれません。しかし、「規制」や「市場メカニズム」に対してなんとなくのネガティブなイメージを抱き、そこに妙に猜疑心や不信感をもったり無関心に陥ってしまっては、ますます市場は荒れ、規制も不合理になる可能性があります。市場の失敗を是正するのは政府の役目ですが、市民の関心と監視がなければ政府がその役目をきちんと果たしているか確認することができません。我々の現在のシステムは実はうまくいっていない。改善すべき点はある。それを認識するところから始まります。

政府も失敗する

ここまで、「市場の失敗」について論じてきました。市場はしばしば失敗します。そして市場が失敗した時に、市場に介入してそれを正すのは政府（規制機関）の役目です。

一方で、政府も失敗することはあります。本来、市場が失敗しているが故に何らかの政策で市場に介入してそれを是正すべきところを、政策が実行されたことによって以前の状態より社会的厚生がむしろ悪化してしまう場合などです。

政府も失敗する可能性があります。むしろ、政府は絶対的な無謬性があり失敗することはない、と考えること自体、リスクマネジメント的な発想からいうと危険です。政府は完璧ではなく、もしかしたら失敗するかもしれない、とあらかじめ考えて合理的なリスク対策を練っておくことは、政府に不信感を抱くことと同義ではありません。むしろ本来的な意味としては、政府により良い政策を行ってもらうためのエールであるはずなのです。世界には政府に異を唱えると罰せられたり迫害されたりする国や地域も残念ながら存在しますが、日本はそうではないと筆者も信じています。

実際、公共経済学（特に公共選択論）の分野では、この「政府の失敗」が発生する原因やその予防策について多くの議論があります。例えば文献[2.17]では、「公共選択論は、…政府の失敗がどのような要因あるいはメカニズムによって発生するかを明らかにし、翻ってその失敗を抑制するルールや制度の設計も研究対象にしてきた」とあります。

政府の失敗を引き起こす主な原因の一つに、**権益追求（レント・シーキング）**という行為が挙げられます。健全な市場経済では利潤追求（プロフィット・シーキング）活動が行われますが、レント・シーキングは政府の市場介入によってもたらせる利潤（権益）を追求する行為です。業界団体などによる陳情、ロビイング、接待、選挙支援、政治献金など、法的にあるいは慣習上認められているものもありますが、一般にこれらが財やサービスのコストにどのように反映されているか不明です（もし反映されていなければ、隠れた外部コストになります）。さらには非合法の賄賂や汚職といったスキャンダルに発展する場合も過去さまざまな産業界で経験しています。

このようなレント・シーキングを完全に防止する決定的な手立ては現在の日本ではなかなか見出せていないようですが、少なくとも公共経済学では、

(1) 財政赤字の拡大にあらかじめ縛りを入れておく財政均衡法

(2) 補助金が既得権益とならないようあらかじめ時限化（サンセット化）しておく制度
(3) 政治家が個人的利得を追求することや特定の集団との関係を深めないよう、あらかじめ当選回数に制限や定年を設けておく制度
(4) 政策決定プロセスや予算・会計に関わる情報公開を徹底しておく制度
(5) 政治家や官僚が法律違反を犯した際の罰則を厳しくする制度
(6) われわれの生命や健康が脅かされた時のために憲法に生存権を明記しておくこと、あるいは環境が脅かされた時のために（日本の法律にはまだないが）環境権を明記しておくこと
(7) 個々の事業を選択・執行する手続きとして、厳しい政策評価を義務付ける

のような方策が提案されています[2.17]。

特に最後の政策評価に関しては、海外では**根拠に基づく**（エビデンスベースの）**政策立案 (EBPM: Evidence-Based Policy Making)** という手法が提唱されており、また規制の新設・改廃を検討する際、想定される影響（コストや便益）を客観的に分析する**規制影響評価 (RIA: Regulation Impact Assessment)** も進められています。もちろんこれは日本でも一部進められています[2.18]。

市場が失敗した際に、それを是正するのは政府（もしくは規制機関）です。しかし、政府が失敗した時に、是正してくれるのは市場ではありません。政府の失敗は政府自身が正さなければならず、政府自身が自らの失敗を正すことができないとしたら、それは政府を選ぶ国民によって審判されます（理想論的には）。

「政府が失敗」というと、もしかしたら短絡的に反体制的なイメージを連想してしまう人も中にはいるかもしれませんが、ある組織がその意思決定において全く誤りを犯さず全て完璧に行うこと（すなわち無謬主義）を素朴に信じている人がいるとしたら、それはリスクマネジメント的な観点からは極めて大きなリスクを抱えていると言えます。その点で、日

本はマスコミや市民レベルで政府の失敗について冷静な議論を行う雰囲気があまりにも希薄ではないかと筆者は危惧しています。時の政権を支持するかしないかに関わらず、市場の失敗や政府の失敗はもしかしたら起こり得る、ということをあらかじめ想定して対策を練ることが当たり前のように議論されるのが、健全な社会といえるでしょう。

2.4 今までどおりでは生き残れない

ここまで本章では、我々の現在の社会システム（特に電力システム）は必ずしも完璧でうまくいっているわけではなく、それを是正する方法が世界中で議論されていることを見てきました。しかし、理論的にはそうだからといって、直ちに我々が今まで馴染んできたシステムを変更することには、多くの人が躊躇してしまうかもしれません。誰しも新しいことには警戒心や恐怖心を抱くものです。「今までどおりの方が安心」という心理バイアスもかかりがちです。しかし、「今までどおり」のシステムで、我々は混迷の21世紀を本当に生き残っていける確証はあるでしょうか？

賢い消費者とそれに応えて変化するビジネス

ビジネスの世界は変化が早く、むしろ変化せずに生き残れると本気で信じているビジネスパーソンや経営者はおそらくいないでしょう。しかし、残念ながら現在の日本では変化を望んでないとしか思えない声明や企業行動が産業界で見られることも少なくありません。

一方、ビジネスの川下側（消費者サイド）でも川上側（投資家サイド）の方でも変化を望む声が徐々に大きくなり、両側から挟まれた産業界のプレーヤーの方がその声をキャッチできなければおそらく生き残れないという状況も生まれつつあります。

フィリップ・コトラーのマーケティング理論[2.19]によると、モノが少なかった頃（例えば日本では戦後直後）は製品中心マーケティングで、物質的ニーズを持つ多数の消費者を対象にそれなりの機能があるものであれば安く大量にモノが売れるという「マーケティング1.0」の段階でした。続いて「マーケティング2.0」の段階は消費者思考マーケティングと呼ばれ、高機能やブランドなど他者が持つものとは違う差別化された価値が消費者それぞれから求められます。さらに「マーケティング3.0」の段階になると、消費者個人個人も単に自己が満足すればよいという利己的欲求にとどまらず、地球環境や人権などの倫理的観点も含め、よりよい世界を作りたいという価値観を持った「賢い」消費者が対象になります。さらに最近では、ディジタル化社会の消費者の自己実現の要求を満たす「マーケティング4.0」までコトラーの理論は進化しています[2.20]。

サッカーボールやコーヒー、チョコレートなどに見られる「フェアトレードマーク」は国際フェアトレード認証ラベルといって、安全な労働環境の確保、強制労働・児童労働の禁止や生産地の環境保全の保証など、生産者の社会的・経済的発展を保証するための認証マークです。このマークを商品に表示するには、原材料も含め製品の100%がそのような基準をクリアしていること、そしてそれが信頼された機関で認証されることが必要で、認証を得るためにはそれなりのコストがかかります。

マーケティング1.0の段階であれば、わざわざ高い認証料が加算された商品を望む消費者もほとんどいなかったかもしれません。マーケティング2.0の段階では高機能や自分を飾るブランドには興味を持っても、遠い国の生産地の労働者のことまで思いを馳せる人は少なかったかもしれません。しかし、マーケティング3.0や4.0の段階（成熟した先進国の消費者がそれにあたります）になると、単に自分たちの快楽や快適さだけに満足するのではなく、地球環境や人権問題といった倫理観にも敏感になり、それに対して対価を進んで払うべきだと考える人も多く出てきます。21世紀は消費者が賢く（しかもずる賢いcleverでなく深い智慧を持ったwiseに）なっている時代なのです。

コトラーのマーケティング理論では、企業は一貫して顧客志向の視点を持たなければならないと説かれ、顧客抜きでは企業は存在し得ない立場です。環境や人権にも配慮し賢くなった消費者のニーズに応えるには、必然的に企業も環境や人権に配慮しないと生き残れない時代です。

ダイベストメントを知っていますか？

消費者が「賢い選択」をするような形で社会が成熟しつつある一方、上流側の投資家サイドにもこの「賢い選択」の波は来ています。最近は**ESG投資**といって、環境 environment、社会social、企業統治governanceに配慮している企業を重視・選別して行う投資行動が世界各地での潮流となりつつあります[2.21]。文献[2.21]によると、ESG投資は、「環境・社会・ガバナンスを考慮することが長期的な企業価値の最大化に寄与する」といった長期的なリターンを追求するための手法と理解され、「無形資産としてのESG価値」を高めることが企業価値の最大化につながるという考え方も見られています。

また、長期リターンの最大化という目的で、市場や社会全体の価値向上も考慮する投資家も欧州を中心に見られ、資産規模が極めて大きく投資対象も分散された公的年金基金（例えばノルウェー政府年金基金）などは、自らが市場や経済全体に与える影響が大きいと自覚し、自らの運用で市場や経済を変えるとの理念からESG投資を行っています。

このような流れの延長線上にあるのが**ダイベストメント divestment**です。ダイベストメントとは、投資 investment に反意語を表す接頭辞di- をつけた用語で、「投資の引き揚げ」を意味します。今まで何かに投資をしていたものをその投資を止める、というほどの意味ですが、その「何か」の代名詞が、現在注目されている石炭です。現在、普通にダイベストメントといえば、石炭からの投資引き揚げを意味する場合が多いです。

世界中の金融業界が化石燃料関連企業からの投資を引き揚げるダイベストメントのムーブメントは、2011年の米国の大学の資金運用から始まったと言われています[2.22]。その後、米国のスタンフォード大学や英国のオックスフォード大学、前述のノルウェー政府年金基金を始めとする各国の年金基金、バンク・オブ・アメリカやシティ、クレディなどの銀行、アクサやアリアンツ、アビバなどの保険会社、ロックフェラー財団など世界有数の金融機関・保険機関、投資機構・投資家がこのダイベストメントを表明しています。日本ではまだまだこのダイベストメントの波を深刻に捉えている風潮は薄く、いくつかの銀行や保険会社が今後の方針の声明を出したに過ぎない段階で、「日本の動きは世界と大きく隔たる」という海外からの厳しい評価も下されているほどです[2.23]。

このダイベストメントの波はエモーショナルな機運の盛り上がりでもなければ一過性のブームでもありません。これを考える鍵は、1.1節で登場した外部コストと、1.2節で紹介した費用便益分析にあります。世界中の投資家や銀行が、化石燃料の負の外部性とその深刻な影響に対して懸念を抱き、費用便益分析を行って経済合理性に基づいて判断をした結果、ダイベストメントという行動に合理的に帰結したと見るのが妥当でしょう。それゆえ、ダイベストメントの波は不可逆的なのです。

しかしながら、日本の政府や産業界はまだまだこのようなダイベストメントの動きを過小評価しているようです。1.1節でも述べたとおり、2018年7月に閣議決定された『エネルギー基本計画』（第5次）では、石炭火力は「温室効果ガスの排出量が大きいという問題があるが、地政学的リスクが化石燃料の中で最も低く、熱量当たりの単価も化石燃料の中で最も安いことから、現状において安定供給性や経済性に優れた重要なベースロード電源の燃料として評価されている」[2.24]とされています。本節で述べた国際動向を確認してから改めてこの文章を読み直すと、まるでダイベストメントは日本で起こらないかのようで、もしダイベストメントが日本でも本格的になった時に日本のエネルギー政策をどう変更する計画を立てているのか（いないのか）、純粋にリスクマネジメントの観点から心配です。このような、問題先送り型のとてもギャンブル性が高い文言が一国の政府の公式文書で謳われてしまうということは、国際社会からどのように見られているか、国全体で自問自答した方がよさそうです。

産業界から起こる新しい波

一方、腰の重い産業界でも、近年は**CSR**（Corporate Social Responsibility; 企業の社会責任）を果たすのが当たり前になっていますが、単に企業イメージやブランド力の向上のためにポーズとして社会貢献するという表層的・短期的観点からだけでなく、環境や人権も含めた倫理的観点から社会における企業の価値や経営の質として、さらにはビジネス戦略の一環として、CSRが見直されています。

最近では、**SDGs**（Sustainable Development Goals 持続可能な開発目標）という言葉が流行っていますが、これは2015年9月の国連サミットで採択された「持続可能な開発のための2030年アジェンダ」という国際社会の行動計画のことです。SDGsとは、地球環境の持続可能性と人間社会の持続可能性と貧困撲滅を掲げたもので、従来の開発のように一部のセクターだけが行うのではなく、政府や企業、金融、消費者、市民など全てが関わらなければならないとされる行動計画です。

このため、日本でも外務省が音頭を取って（そしてピコ太郎氏が推進大使に任命されたので、その動画を見たことがある人も多いと思います）SDGsの理念の普及と行動を促進し、現在は日本の多くの企業がこのSDGsに沿った企業行動計画を策定・宣言しています。

このSDGsは17の目標から成りますが、その中でエネルギー問題に関係するものを掲げると、以下のようになります[2.25]。

- 目標3. あらゆる年齢のすべての人々の健康的な生活を確保し、福祉を促進する
- 目標7. すべての人々の、安価かつ信頼できる持続可能な近代的エネルギーへのアクセスを確保する
- 目標9. 強靭（レジリエント）なインフラ構築、包摂的かつ持続可能な産業化の促進及びイノベーションの促進を図る
- 目標12. 持続可能な生産消費形態を確保する
- 目標13. 気候変動及びその影響を軽減するための緊急対策を講じる
- 目標16. 持続可能な開発のための平和で包摂的な社会を促進し、すべての人々に司法へのアクセスを提供し、あらゆるレベルにおいて効果的で説明責任のある包摂的な制度を構築する

ここで「包摂的」という言葉は、人間の安全保障の理念を反映し、「誰

一人取り残さない」という理念が込められています。図2-4-1にSDGsのシンボルマークを示します。この図もどこかで見たことがある人も多いかもしれません。

図2-4-1　SDGsの17の目標

また、**RE100**という名前を聞いたことがある人も多いでしょう。これは正式には国際イニシアティブ（企業連盟）の名前でもあり、事業運営を100%再生可能エネルギーで調達することを目標に掲げる企業が加盟する民間の国際団体です。RE100の公式Webページ（文献[2.26]）によると、2018年12月中旬時点で世界全体で158社が加盟し、この中には、スイスのネスレ、スウェーデンのイケア、米国のNIKE、アップル、フェイスブックなど、日本でもよく知られている企業が数多く含まれています。

一昔前だと、「再生可能エネルギー100%」などと言おうものなら、「荒唐無稽だ！」、「技術を知らない夢物語だ！」などと揶揄されたものですが、今や技術的にも制度的にもそれが可能になっているのが21世紀です。逆に、現在でも「荒唐無稽だ！」と言っている人がいたら、最新技術を知らない古い人だと指を指されてしまうでしょう。

RE100の認定を受けるためには厳格な審査があります。再生可能エネルギー100%を達成するには、

(1) 自社施設内や他の施設で再生可能エネルギー電力を自ら発電する
(2) 市場で発電事業者または仲介供給者から再生可能エネルギー電力を購入する

の2つの選択肢があり、特に後者は、再生可能エネルギー発電所との直接電力購入契約やグリーン電力証書などの購入が認められています。つまり、必ずしも自社工場や店舗のすぐ近くで無理に発電所を作らなくても、市場取引や証書の購入などといった制度を用いて無理なく再生可能エネルギーの電気を購入できる仕組みが（少なくとも欧州や北米では）整っています。日本でも徐々に参加する企業が増えており、2018年10月の段階では13社を数えています[2.27]。

また、日本では2009年の時点で、有志企業が「持続可能な脱炭素社会の実現には産業界が健全な危機感を持ち、積極的な行動を開始すべきである」[2.28]というスローガンのもとに日本気候リーダーズ・パートナーシップ(Japan-CLP)を設立し、RE100とも連携をとりながら日本企業のRE100への加盟の支援や政策提言などを行っています。Japan-CLPの加盟企業は2018年8月現在、メンバー企業が17社、賛助会員は60社以上を数えています。

さらに、2018年7月には気候変動イニシアティブ(JCI)が設立され、「脱炭素化をめざす世界の最前線に日本から参加する」[2.29]という宣言を掲げ、企業120社、自治体・法人53団体（2018年8月現在）が加盟する巨大な産業団体も登場しています。ちなみに前述のJapan-CLPもこのJCIの協力団体として加盟しており、Japan-CLPメンバー企業・賛助会員企業もその名を多数連ねています。

このような産業界の取り組みが、今後大きなムーブメントとなって日本を変えていくものと期待されます。企業こそ、変わらないと生き残れないのです。

2.5　再生可能エネルギーも完璧ではない

これまでの章や節で、再生可能エネルギーの意義（第1章）や市場の失敗（2.1節）とその是正方法（2.2～2.4節）について述べてきましたが、一方で「再生可能エネルギーを導入しさえすれば万事解決！」かというと、どうやらそうでもなさそうです。なぜなら、本来、再生可能エネルギーが世界中で支持される理由はなんといっても負の外部性が少ないという性質を持っているからであり、真に問われていることは、単に再生可能エネルギーを導入したかどうかではなく、隠れたコストで見かけ上安く見せたりそのツケを将来に回したりしない、ということだからです。

裏を返すと、再生可能エネルギーの中でも負の外部性が高いものがもしあるとすれば、それを推進する意義が失われてしまうことになります。その点で、再生可能エネルギーを推進しようとしたりそれを支持したりする人々は、錦の御旗のように「再生可能エネルギー！」を振りかざすのではなく、常に負の外部性を減らすにはどうしたらよいか、という自身への問いかけを繰り返さなければなりません。

太陽光一辺倒でよいのか？

日本では2012年の固定価格買取制度(FIT)施行後、太陽光発電ばかりが急速に伸長したせいか、「再生可能エネルギーといえば太陽光発電」というイメージが強いですが、1.1節の図1-1-6（図2-5-1として再掲）などを注意深く観察した読者は既にお気付きのとおり、太陽光の外部コストは再生可能エネルギーの中でも最も高い部類に位置し、風力発電の外部コストの方が圧倒的に低いことが多くの論文で報告されています。

これはすなわち、風力発電は技術的に成熟しており第三者に迷惑をかける度合いが比較的低く、現在主流の太陽光パネルは製造過程に半導体製造と同じ技術を使う以上、ライフサイクル中のCO_2排出量はどうしても高くなりがちで技術的・経済的にまだ改善の余地があるということでしょう（もちろん、ExternEの結果は2003年とやや古い技術に基づいているため、その点も考慮する必要があります）。

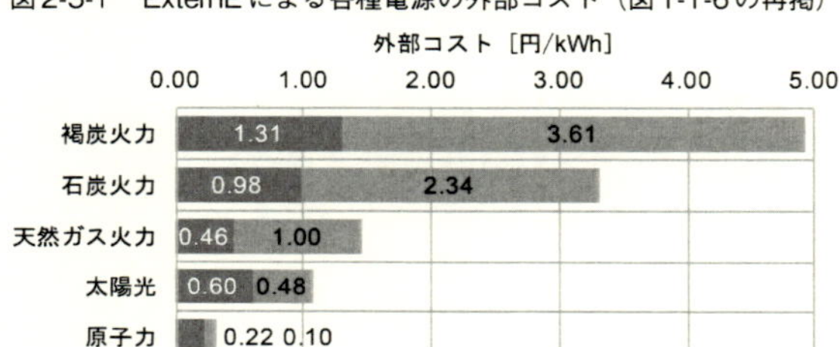

図2-5-1　ExternEによる各種電源の外部コスト（図1-1-6の再掲）

本シリーズ『風力発電編』において既に述べたとおり、世界では「再生可能エネルギーといえば風力発電」であり、太陽光はようやく最近になって「2番手」として導入が加速されつつある状況です。それは単に発電コストだけの問題ではなく、この外部コストの違いによるものだとも説明できます。より外部コストの低い電源から優先的に導入するのが経済合理性にかなっています。この情報をこれまで耳にしたことがない方にとっては衝撃の事実かもしれませんが、世界の常識は日本の非常識で、日本の常識は世界の非常識であるかもしれないということは、常に頭の片隅に入れておかなければなりません。

さらに図2-5-1や表1-1-2から言えることは、太陽光の外部コストは原子力より高いという結果を導く報告書が複数存在することです。「そんなバカな！」と、素朴に再生可能エネルギーを応援する人ほど愕然とするかもしれません。

もちろん、図2-5-1や表1-1-2などの太陽光の外部コストが原子力より高いとする報告は、2011年の日本の原発事故以前の欧州や米国での試算です。ここには、数十万人の人が数年間またはそれ以上に亘って故郷を失う可能性とその被害コストが過小評価されている可能性があります。また、2011年の原発事故以降に急速に高まった安全対策コストの変化により、今後試算結果が変わってくる可能性もあります。原発の廃炉や放射性廃棄物の処理に関するコストも、年々新たな知見が明らかになりデータが公表されるごとにコストアップする傾向にあるといえるでしょう。風力や太陽光も、2010年代に入ってからの急速な伸長やその後の技術革新があり、試算結果が変わってくる可能性は十分あります。

もちろん太陽光の外部コストは原子力より低いと算出する論文[2.30]も存在しますが、複数の異なる試算結果があった場合、自分に都合の良い結果だけを支持するのではなく、どのような条件やモデルの違いにより異なる結果となったのかを精査し、必要があればデータ計測や解析を継続し、議論を続けるべきでしょう。少なくとも、一旦図2-5-1のようなデータが得られている以上、それが自身の主張にとって都合が悪いからといって「〜は間違っている！」、「◯◯の陰謀だ！」などと根拠なく批判したとすれば、それはたちどころに反科学に陥ってしまいます。

外部コストの計算は、一度結果が得られたら後は金科玉条に崇拝するものではなく、技術革新や政策環境の変化などにより、時代に合わせて常に更新されチェックされるべきものです。何より、前述のとおり、日本では大規模研究プロジェクトとして、各種電源の外部コストの試算が試みられ公表されたことがほとんどありません。太陽光を支持したい人がすべきことは、自身にとって都合の悪いデータを無根拠に否定したり無視したりすることではなく、現在の日本の条件で外部コストの再計算を自ら行ったり、日本において各種電源の外部コストを研究する研究者を（金銭的に・精神的に）支援したり、また政府や産業界に「外部コストの調査と公表をせよ」と提案することでしょう。

正確なデータも何もないまま、再生可能エネルギーを推進したい人も疑問に思う人も、原発に賛成する人も反対する人も、それぞれの意見を口角泡を飛ばして主張しているとしたら、各自が目隠ししたまま全力疾走でチキンレースをしていることと同じです。どのような電源を支持するかしないかは個人の考えによりさまざまあってよいと思いますが、本節で紹介したような外部コストのデータという共通の土俵に乗ってこそ、初めて合理的で建設的な議論が始まります。

再生可能エネルギーが引き起こすトラブル

また、再生可能エネルギーの外部コストが十分下がったとしても、やはり個々の発電所が近隣住民や地域社会にとって「迷惑設備」と捉えられてしまうケースもあります。このようなケースは、**NINBY**（Not In My Back Yard: 私の裏庭にはお断り）問題と言われ、日本語で言うなれば「総論賛成、各論反対」という状態です。

再生可能エネルギーの導入に伴う課題は、表2-5-1のように示すとおり多岐に亘りますが、再生可能エネルギーのトラブルをより複雑にしているのが「被害」の曖昧さです。例えば文献[2.31]では、「実際には再生可能エネルギーの導入による〈被害〉には曖昧さがあり、これが合意形成を難しくしている。…（中略）…先の表（引用者注：本書の表2-5-1）に示したような諸影響には評価者による判断を要件とする感覚公害が含まれている。…（中略）…主観的な評価が介在している点が専ら生理的な反応である健康被害と異なっており、個人差がより大きい」（下線部引用者）と述べられています。

文献[2.31]ではさらに続けて、「このことから示唆されるのは物理現象以外に〈被害〉に影響を与える要因が存在しうるということである。具体的には例えば受益の有無が指摘されており、世界風力エネルギー協会やドイツ風力エネルギー協会は地域主導による「コミュニティパワー」を推奨している。これは立地地域の人々による所有・意思決定・受益を促す指針であり、人々が合意しやすい条件を整えようとしている」と指摘しています。なお、ここで言及されたコミュニティパワーに関しては、文献[2.23]に詳しくかつ平易に書かれています。

重要なのは、風力や太陽光など特定の技術に問題があるという工学的・技術的要因よりは、住民がその設備のステークホルダーになっているか

表2-5-1　再生可能エネルギーの導入に伴う課題

	自然環境(生態系など)	生活環境	利害調整
太陽光	植生など	日照 景観 光害 [水源] [土砂流出]（急峻地）	[農地]
中小水力	水中生物	騒音・振動	水利権 [漁業権]
風力	植生など 鳥の衝突死	電波障害 騒音・振動 景観	[農地] [漁業権]（洋上）
地熱	[植生など]	景観 騒音・振動 臭気	温泉資質 [自然公園]
バイオマス	[植生など] [森林生態系]（木質）	騒音・振動 臭気 [温排熱]	[食糧生産]（燃料作物） [持続性]（木質）

[ ] は場所によって概念そのものが存在しない項目、( ) はどのような場合に概念が存在するかを示す。

どうか、という社会学的な要因の方がより影響度が高いという点です。すなわち、所有や意思決定や受益に直接的・間接的に関わっているか、という視点にまで降りて行かないと、問題はそう簡単に解決されません。特に騒音（低周波を含む）や臭気は、物理的な閾値を設けて一律規制をしても、「原因が複数存在する場合には個々の要因の影響力は限定的であるため規制が機能しにくい」[2.31]ことが、社会科学的な調査より明らかになっています。

特にメディアやネットでは、特定の発電所でのトラブルを取り上げて、「だから風車（太陽光）は日本に向かない！」と再生可能エネルギーの技術的問題であるかのような議論に拡大解釈する論調が少なからず見られますが、仮にある工業製品や設備にいくつかトラブルが発生したことをもって「日本に向かない」と言われてしまうとしたら、道路や鉄道、ダムや火力発電所、ゴミ焼却施設などは全て日本に向かないことになってしまいます。既に存在しており我々がその恩恵を享受しているものの外部不経済については不問（もしくは無関心）で、新規技術のみ厳しく糾弾するとしたら、それは恣意的なダブルスタンダードでしかありません。

発電設備は、トラブルがあれば直ちにアウト！ではなく、そのトラブルをどのようにして解決していくか、どのように未然に防ぐか、が問われます。そして、そのような科学的方法論は、例えば文献[2.33],[2.34]など、既にいくつか提案され、議論されています。重要なのは、0か1かの二元論的感情論ではなく、科学的手法でリスクを下げる努力を行うことなのです。

リスク低減の手段としてのゾーニング

このような複雑な状況の下で、再生可能エネルギーの設備がこれ以上トラブルを発生させないようにするにはどのような取り組みを行えばよいのでしょうか。そのヒントとなる手段は**ゾーニング zoning**にあるといえるでしょう。

ゾーニングは、元々建築や土木工学の分野で、法的根拠に基づいた都市計画などにおいてエリアを用途別に区画し、面的に規制していくことを指した用語です。海外文献では、空間計画 spatial planningや土地利用計画 land-use planningという表現も用いられますが、再生可能エネルギー（特に風力発電）に関しては、例えば環境省が2018年3月に発行したゾーニングマニュアル[2.35]によると、

- 環境保全と風力発電の導入促進を両立するため、関係者間で協議しながら、環境保全、事業性、社会的調整に係る情報の重ね合わせを行い、総合的に評価した上で、「法令等により立地困難又は重大な環境影響が懸念される等により環境保全を優先することが考えられるエリア（保全エリア）」、「立地に当たって調整が必要なエリア（調整エリア）」、「環境・社会面からは風力発電の導入を促進しうるエリア（促進エリア）」等の区域を設定し活用する取り組み

と説明されています（下線部筆者）。

先行するドイツのゾーニング手法を分析した文献[2.36]によると、ゾーニング手法は「行政機関がゾーニングの妥当性を説明するための形式」

である論理性と、「多様な主体の利害や価値判断をゾーニングに反映させるための手続き」である民主性と、立地誘導の方法論の3つの要件があり、それによって初めて受容性向上と手続きの効率化が達成されることになります（図2-5-2）。

図2-5-2　受容性向上と手続きの効率化を達成するゾーニング手法の要件

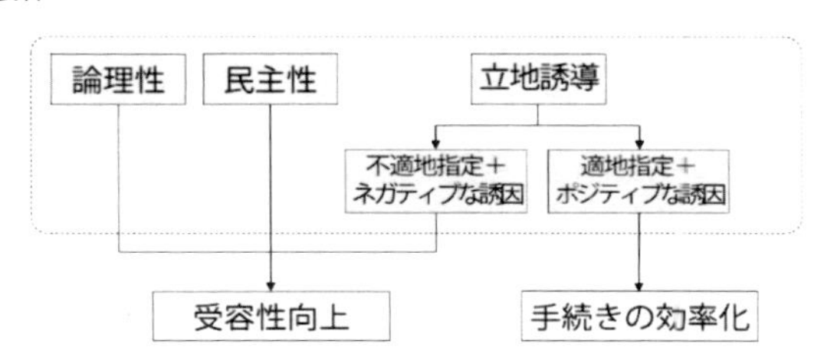

ゾーニングは、それさえすれば絶対的にトラブルがなくなるという魔法の杖ではありませんが、そのコンセプトはやはりリスク低減にあります。再生可能エネルギーが大量導入されるなか、いくら地球環境や将来の市民に便益があるからといって、立地地域の住民とトラブルを起こしたり、悪印象を持たれながら無理に強要するのは、再生可能エネルギーの基本コンセプトから考えると好ましいものではありません。地域住民や地方自治体、そして再生可能エネルギー設備の開発事業者にとっても、まさに「三方よし」でリスク低減できる仕組みがゾーニングであるといえます。

ゾーニングは規制ではない：フィードバックのコンセプト

これまでの日本ではゾーニングのプロセスが未発達だったため、市民参加のプロセスは残念ながら図2-5-3上図のようにならざるを得ず、事業者が（大抵は地元の人も知らないうちに）立地選定や風況調査を行い、環境アセスメントの手続きに入った段階でその地域での計画が突然公にされるパターンが多く見られました。地域住民や環境保護団体が合意形成や意思決定に関与できるのは、具体的な事業の環境アセスメント段階に入ってようやく初めて、という形です。地域住民や環境保護団体からすると、「新聞報道などで初めて聞いた！」というケースや、一度に多数の開発事業が立ち上がった際に、個別の事業者との交渉はなんとかできても、地域全体の話はできないことになってしまいます。

図2-5-3　従来の市民参加プロセス(上)と、ゾーニングを含む市民参加プロセス(下)

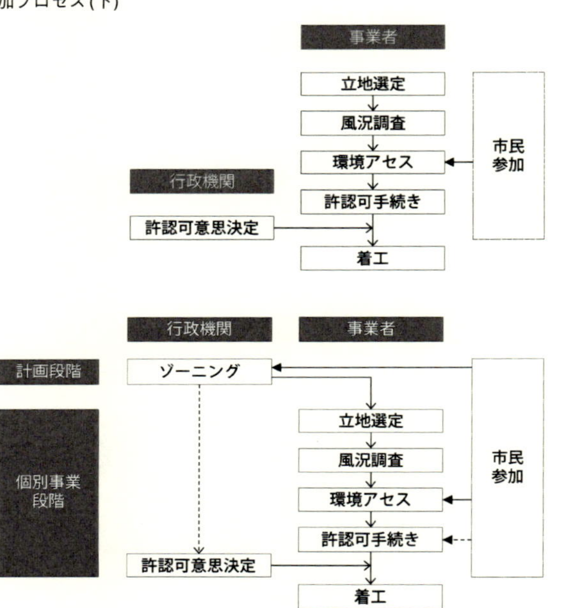

一方、ゾーニングが適切に機能した場合の市民参加のプロセスは図2-5-3下図のようになります。この方法だと、特定の事業者が立地選定を行う前に、地域の中でどこに再生可能エネルギー設備を立地させるべきかという段階から地域住民が意思決定に参加できることになり、事業者の観点からも地域住民などの意見を踏まえた「適地」を選定することによって、地域住民などとのトラブルを減らすことができます。つまり、環境社会リスクを低減できるようになります。また、図2-5-3下図に示されているように、計画段階から自治体（行政機関）が入っていることも重要です。ゾーニングとは、地方自治体などの公的機関が実施する政策を達

成するための戦略的かつ合理的な実行計画であり、自治体もある程度責任をもって意思決定に関与しリスクテイクをすることによって、最終的に地域住民やその地域の環境に便益をもたらすことになります。

ゾーニングの作業は、図2-5-4に示すようにさまざまな土地利用制約によるマップをレイヤーのように重ね、最終的なゾーニングマップを作ることにありますが、ここで重要なのは、単にここはダメ、そこはダメ、というような規制マップを作ることではありません。なぜならば、もし規制的なレイヤーを複数重ね合わせただけであれば、そのほとんどが保全エリアや調整エリアとなってしまい、新規技術設備である再生可能エネルギーを排除する方向になってしまうからです。

図2-5-4　レイヤーの重ね合わせによるゾーニングマップの決定方法

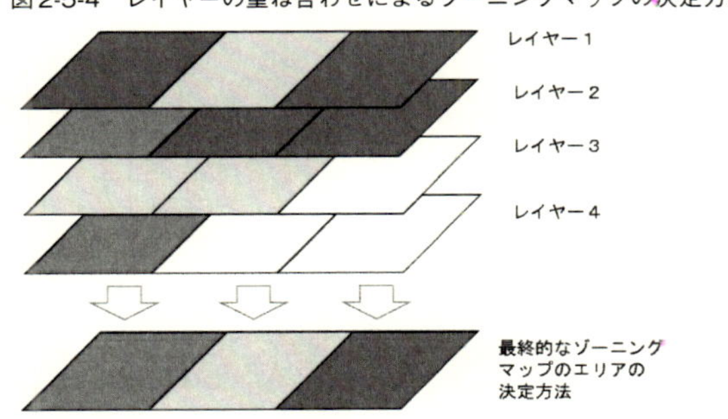

図2-5-5はゾーニングマップ作成作業の流れの概念図ですが、ここで注目すべきなのは、図中に「ゾーニングの見直し」と上方向の矢印があることです。仮にゾーニング検討の結果得られた適地が国や地方が想定する再生可能エネルギーの導入目標を満たす面積に達しなかった場合、それに達するまで再度元に戻ってよりリスクの少ないエリアを適地として選定するためにフィードバックをしなければなりません。その場合、おそらく「調整エリア」に指定されていたエリアの中からいくつかの候補地が再検討され、「適地エリア」に昇格することになるでしょう。もしフィードバック的なゾーニングの見直しがないとすると、できあがったマップは単に再生可能エネルギーを排除し規制する方向にしか働かず、本来のゾーニングが持つ導入促進の効果が出ないからです。

政府や自治体の予想は大抵保守的であり、欧州などの過去の再生可能エネルギーの導入動向を見ると、ほとんど現実の導入量の方が圧倒的に上回る傾向にあります。したがって、予測を超えて大量導入される再生可能エネルギーに対し、小容量しか許容しない限定された「ゾーニング」では、地域のトラブルをできるだけ回避するリスク低減にはなりません。

フィードバック的な「見直し」をするためには地元関係者との協議が再び必要になります。それこそが地方自治体がリスクテイクすべき行動であり、そのような若干の「めんどくさい」作業を乗り越えることで、将来のトラブルを防ぎ、地域への便益をもたらすことが可能となります。

図2-5-5　ゾーニングマップの作成作業の流れ

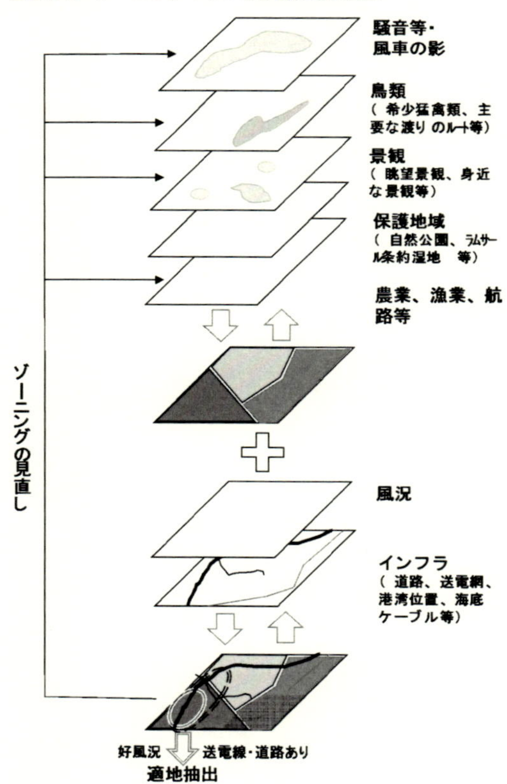

このように、日本でもゾーニングマニュアルが2018年になって政府か

らようやく発行され（実は筆者もその策定のための委員会に委員として参加しています）、公募によりいくつかの地方自治体がゾーニングに取り組みつつあります。日本においても再生可能エネルギーの導入に際して地方自治体や市民参加のプロセスが重視され、図2-5-3の上図から下図へと徐々に移行しつつあるのは歓迎すべきことといえるでしょう。

ただし、このゾーニングマニュアルは風力発電を対象としており、現在大きな社会問題となりつつある太陽光発電のトラブル解消には即座に結びつかないのが残念なところです。日本では、2012年の固定価格買取制度(FIT)施行後、結果的に太陽光のみが急激に伸長しました。本来、厳しい環境規制やゾーニングは太陽光を対象としたものが先行して制定されなければ不自然です。筆者も風力のゾーニングマニュアルの策定に関わった委員の一人として、常に「太陽光のゾーニングこそ先にすべし」と主張し続けています。

そもそも欧州では**建築不自由の原則**が一般的です。「計画なくして開発なし」ともいわれるルールが基本であり、個人や企業の所有する土地といえども、地方自治体の制定したルールに基づく場合に限ってのみ開発・建築が認められるのが原則となっています。一方、日本では、近代以降の個人的所有権の絶対性を背景に「原則として建築・開発行為の自由」の概念が一般的になってしまっています[2.37]。

つまり、欧州では一般に地方自治体の計画や許可がない限り、その土地の所有者が自分の土地だからと言って好き勝手に開発や建築をするわけにはいかないのに対して、日本では自分の土地だから好き勝手に開発や建築をする個人に対して、特別な法律がない限りは地方自治体は不許可や取り消しをする権限がない、ということを意味します。

2018年は台風や集中豪雨が多く、1.1節で述べたように日本でも多くの方が気候変動（地球温暖化）の脅威を感じた年でもありましたが、同時に台風や集中豪雨による被害で顕在化したのが、太陽光パネルの森林伐採や急斜面への設置による土壌流出・地滑りの問題です。他の国ではほとんど発生していない問題が日本で社会問題になる背景には、このような近代以降の日本の特殊な土地利用制度にあるともいえます。これは実は、再生可能エネルギー技術に起因する問題ではなく、古くはゴルフ場やリゾート開発などにも共通する、制度上の根本問題まで遡ることのできる根の深い問題です。

このような、歴史的経緯があり現在に至った複雑な法制度を一朝一夕に改革することは難しいかもしれませんが、これを機会に、単に再生可能エネルギーの問題だけでなく、国民全体で議論すべきでしょう。また、このような議論は長期戦が予想され即効性はありませんが、その間に何もせず座して見ているだけではなく、やはりゾーニングのように現行制度でも実施可能な方策を前に進めるべきでしょう。

再生可能エネルギーも再生可能エネルギーであれば何でもOKというわけではありません。太陽光であれ風力であれ、地域住民とトラブル続きだったり設備や部品を不法に廃棄したり、事故が頻発して第三者に被害を与えたりといった形で負の外部コストを増やす設備があるとしたら、それは再生可能エネルギーの意義を失っているといえます。素朴に再生可能エネルギーを支持したり、儲かりそうだからと安易に再生可能エネルギービジネスに参入した人こそ、負の外部コスト(すなわち第三者への悪影響)がないかどうか、それを減らすにはどのような行動を取ればよいかについて、立ち止まって深く考えなければなりません。

3

第3章　再生可能エネルギーのコストは誰が払うのか？

◉

3.1　固定価格買取制度(FIT)は市場を歪める？

これまで、我々の現在の社会システム、とりわけ電力システムやエネルギーシステムは、決して完璧ではなく必ずしもうまくいっているわけではない（すなわち市場の失敗がある）ということを確認してきました。また、その必ずしもうまくいっていない点を改善するために、税や補助金など規制（政府の介入）が必要であることも述べてきました。

さて、現在日本では、再生可能エネルギーの普及のために**固定価格買取制度**（**FIT: Feed-in Tariff**、以下 FIT）が導入されています。この制度は、風力や太陽光などの再生可能エネルギーの発電にあたって、通常の市場価格より高い固定での買取価格が設定されており、その原資は電力消費者（≒国民）に広く薄く負担してもらうという仕組みです。みなさんの家庭の電気代のスリップ（請求書）にも、「再生可能エネルギー賦課金」などの形で金額が記載されています。2018年度のFIT賦課金単価は2.90円/kWh、標準家庭の負担金は月額754円と公表されています[3.1]。

このFITを巡って「FITは市場を歪めている！」、「FITは国民負担を増大させる！」、「ドイツではFITは失敗した！」、「FITで再エネ発電事業者が不当に儲けている！」などの批判が、特にネットやSNSを中心に相次いでいますが、その批判は本当に合理性があるのか、本章で検証したいと思います。

そもそも論として、FITとは何か？

FITにまつわる誤解と神話を解体する前に、そもそもFITという制度は何かをおさらいしましょう。

日本におけるFIT制度は、2012年に国会で成立した**電気事業者による再生可能エネルギー電気の調達に関する特別措置法**（平成24年6月18日法律第46号）で定められた制度です。経済産業省のウェブサイト[3.2]によると、FIT制度は「再生可能エネルギーで発電した電気を、電力会社が一定価格で一定期間買い取ることを国が約束する制度です」と書かれています。またさらにそれに続けて、「電力会社が買い取る費用の一部を電気をご利用の皆様から賦課金という形で集め、今はまだコストの高い再生可能エネルギーの導入を支えていきます。この制度により、発電設備の高い建設コストも回収の見通しが立ちやすくなり、より普及が進みます」とも説明されています。経産省の説明のとおり、この「発電設備の高い建設コストも回収の見通しが立ちやすくなる」という点が重要です。

再生可能エネルギーに限らず、一般に新規技術は、十分に普及すれば量産効果や経験の蓄積による事業リスクの低減が見込めますが、まだ本格的に市場展開していない段階ではどうしても価格は高くなりがちです。一方、従来技術は既に長い技術的蓄積がありコストが十分安くなっているばかりでなく、その一部は比較的大きな外部コストを発生させているため、見かけ上コストが安くなっているものもあります。そのような状況で、単に「コストが高いか安いか」だけで市場競争させたら、新規技術が負けてしまいます。大人同士がガチで競い合う格闘技のリングに、小学生をハンディなしでリングに上げて参戦させるようなものです。そのため、将来成長が見込める小学生を大人になるまで健全に育てるために、政策的な支援を行うのがFITの根本的な理念です。

日本のFIT制度の調達（買取）価格や調達（買取）期間は、経済産業省によると、「各電源ごとに、事業が効率的に行われた場合、通常必要となるコストを基礎に適正な利潤などを勘案して定められます。具体的には、中立的な調達価格等算定委員会の意見を尊重し、経済産業大臣が決定します」と説明されています[3.2]。

図3-1-1はFIT買取価格および買取期間の簡単な概念図です。一般に電力市場価格は10円/kWh前後で推移し、しかもボラティリティ（急峻な

変動性）がありますが、自由化された市場では原則どの電源もこのような価格競争を行わなければなりません。新規技術である再生可能エネルギー電源をそのままハンディをつけずに市場で戦わせることは大きな参入障壁になってしまうため、期間を限定して支援をする政策がFITということになります。

仮にある再エネ発電所Aがその時に定められた買取価格40円でFIT認定を受けた場合、発電開始から20年間は40円/kWhという固定価格で電気を売ることができます。このように、①市場価格よりも高い価格で電気が売れること、②市場のボラティリティに左右されず一定価格で収益が見込めること、の2つの側面により、前述の「発電設備の高い建設コストも回収の見通しが立ちやすくなる」という利点が生まれます。

図3-1-1　FIT買取価格および買取期間

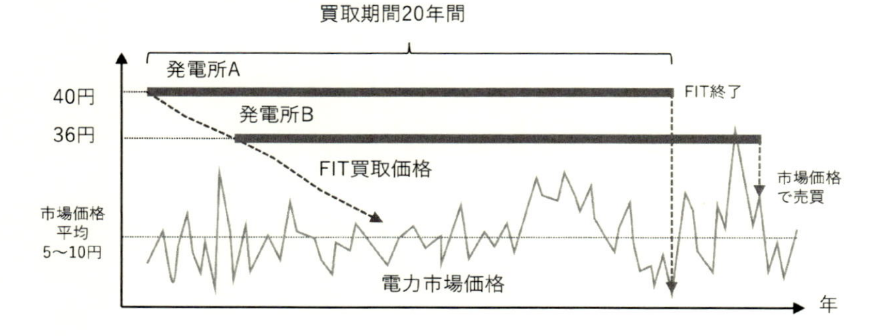

一方、FITは他の多くの補助金とは異なり期限が決められていない（すなわち無期限）わけではなく、20年間という最初から決められた買取期間が設定されており、それが過ぎたらこの優遇措置はなくなります。FITの優遇措置がなくなったら直ちに収益性がなくなり発電所を廃止しなければならないかというと、そうではありません。20年後には既に損益分岐点も超えて経営も安定しており、適切にメンテナンスを行って発電所を健全に運用していれば買取期間の20年を過ぎた後でも発電を継続することもでき、他の従来型発電所と対等な立場で、市場価格で勝負することが可能になります。FITを卒業した発電所やそのオーナーは、ハンディ

のない大人としてリングで戦うというのが、FITの理念です。

また、太陽光パネルや風車のコストは一般に再エネ技術の普及と大量生産により年々低廉化していくものなので、例えば発電所Aより少し遅れて数年後に参入した発電所Bに対して、発電所Aと同じ買取価格を設定したら過剰に優遇することになってしまいます。したがって買取価格は定期的に（例えば1年に一度）見直され、この例では発電所Bで発電された電気は発電所Aより安い価格である36円で20年間買い取ってもらうことになります。

図3-1-2は、実際の日本の太陽光発電のFIT買取価格（調達価格）の推移を示しています。FITは2012年から施行されましたが、それに先立つこと2009年から住宅用太陽光の「余剰電力買取制度」が開始されており、2012年のFIT施行と同時に同制度に移行したため、余剰電力買取制度時代の買取価格も点線で示してあります。

図3-1-2　日本の太陽光のFIT買取価格の推移

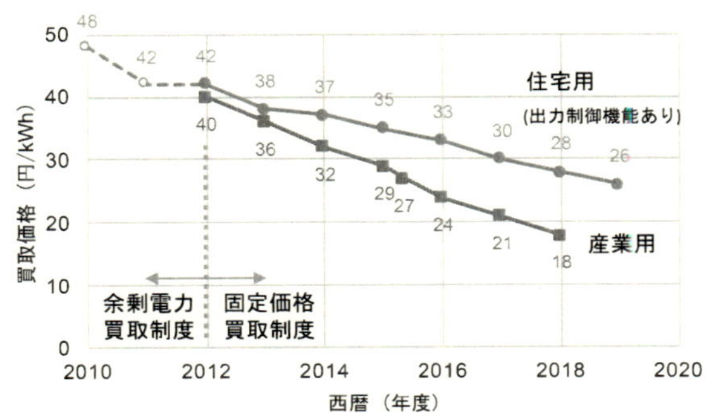

図から、住宅用・産業用共に、太陽光のFIT買取価格は年々引き下げられていることがわかります。これは、FIT制度の理念どおり、導入促進と量産効果により順調に価格が低廉化していると解釈することができます。特に産業用に関しては、たった5〜6年で約半分の水準に下がっていることは注目すべきです。

また、FITとは別に、フィードインプレミアム (FIP) という名前のよく似た制度を採用した国もあります。FITが固定価格で買い取る制度であるのに対して、FIPは変動する市場価格に一定額のプレミアムを上乗せした価格で買い取る制度です（図3-1-3参照）。欧州ではFITとFIPが選択制になっていたり、FIT買取価格が十分低廉化したためにFIP制度に移行した国もあります。

図3-1-3　FITとFIPの概念

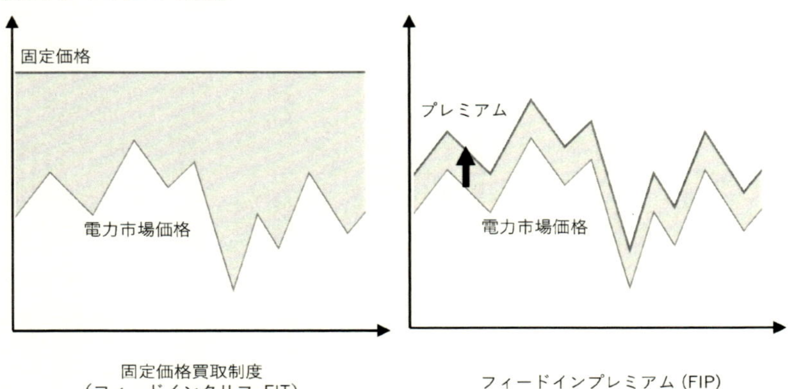

FITでは「固定価格」という条件により、収益性を確保し事業リスクを低減させることによって市場参入障壁を取り除くというコンセプトでしたが、FIPは市場価格に連動するので、市場のボラティリティに影響されるという点では、他の補助を受けていない市場プレーヤーと同様になります。ただし、市場価格に一定額を上乗せすることで、事業リスクを低減させるというコンセプトです。

よくある誤解として、特にFIT制度が先行しているドイツやデンマークにおいてFIT制度が段階的に廃止され、FIPなど別の制度に移行したことをもって「FITは失敗した！」と主張する声もあります。しかし、再エネ電源の導入や普及に従って再エネの発電コストが低廉化すれば、それに応じてどんどん下げていくことこそがFIT/FIP制度の本来のあり方であり、買取価格が市場価格に十分近づいた段階で「新規技術の普及促進」という役目は終わるので、FIT/FIP制度を成功裏に終了させ、別の制度に移行するということも最初から見込まれていることです。

このようにFITは、補助金頼みで生き延びるいわゆる「補助金ビジネス」とは異なり、調達期間も最初から明確に有限に設定され、いずれ制度そのものもなくなることが計画された時限型支援制度であるのが特徴です。

FITは市場を歪める？

ここまで紹介したとおり、FITは国や地方自治体の予算を原資としないので厳密な意味での補助金ではありませんが、電力消費者に広く薄く原資を負担してもらう点では補助金と同等の政策支援制度です。このような支援政策で優遇されているが故に、競争市場で戦っているプレーヤーから見ると「FITは市場を歪めている！」という主張が起こりがちです。ここではこの主張が妥当であるかどうかを検証してみましょう。

1.1節で、従来型発電、特に石炭火力は大きな負の外部性があることを確認しました。負の外部性の存在は「市場の失敗」の大きな要因の一つです。すなわち、我々の電力システムやエネルギーシステムは、現在この段階で市場が歪められているという事実を認識しなければなりません。

負の外部性を内部化するためには、第1に汚染物質の排出など負の外部性を生み出す既存技術に課税することが考えられますが（2.2節参照）、現実的には反対意見も多く、多くの国で部分的にしか実施できていないのが現状です。また、次善の策は汚染物質を削減した企業に補助金を与えることですが、これは現在負の外部性を発生している企業にさらに補助金を与えることになるため、問題があります。

そのため第3の方法として、負の外部性が相対的に少ない再生可能エネルギーに対しての支援政策を取ることが現実的な対策として考えられます。図3-1-4に再生可能エネルギーの支援政策として正当化される政策コストの概念を示します。

すなわち、再生可能エネルギーという新規技術の支援政策は、既存技術が生み出した負の外部性の内部化のためであり、既に歪められた市場を改善することを意味しているのです。再生可能エネルギーの支援政策には確かにコストがかかりますが、そのコストが再生可能エネルギーの発

図3-1-4　再生可能エネルギーの支援政策として正当化される政策コスト

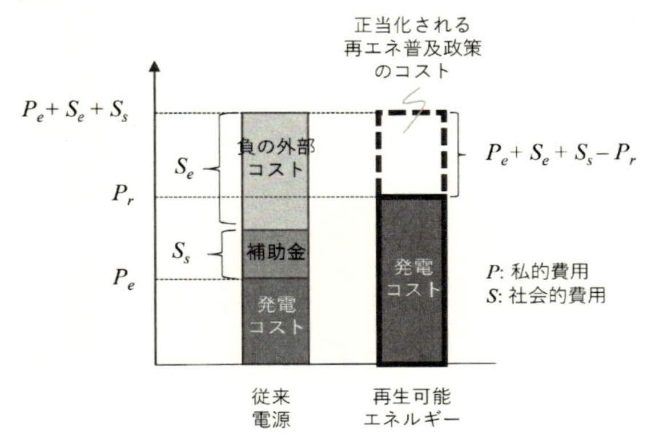

電コストを押し上げているのではなく、本来、大きな外部コストがある他の発電方式に課税する代わりのものであるという理解が必要です（より専門的な議論は、文献[3.3]を参照下さい）。

「FITは市場を歪めている！」という主張は、もしかしたら我々のシステムが現在完璧で、外部性もなく市場が完全競争的であるという前提に立っているのかもしれません。そこには1.1節で議論した外部性という重要な概念が欠落しています。「外部性」は少々硬い経済学用語ですが、この言葉や概念がニュースや日常会話で全く登場しないとしたら、多くの人はそれが「なかったもの」として考えがちです。それゆえ、負の外部コストは「隠れたコスト」と言われる所以です。ましてやそのコストに気がついているのに意図的に隠したり過小評価したとすれば、それは悪意をもって問題を将来に先送りすることに他なりません。

また、1.1節で紹介した図1.1.4では、「政策経費」なる項目が計上され、この政府による試算では特に「固定価格買取制度の創設により再生可能エネルギーの導入が進んでいることを踏まえ、固定価格買取制度で政策的に買取価格に含まれているIRR（買取価格の優遇された利潤）」が含められています[3.4]。図1.1.4によると、風力および太陽光(メガ)の政策経費はそれぞれ6.0円/kWh、3.3円/kWhにも上ります（一方、原子力は0.3円/kWh)。これが風力や太陽光などの再生可能エネルギー電源のコストを押し上げているかのように見え、一足飛びに「FITが高すぎる！」、「補助金をもらいすぎだ！」という結論に結びつけたがる意見も出てきそうですが、これもより冷静な分析が必要です。

例えば、米国の原子力発電は戦後の開発以来50年以上を経て累積でたくさん発電したので、1990年には0.012ドル/kWh（約1.3円/kWh）と劇的に安くなっていますが、原子力開発の最初の15年間（1947〜1961年）は15.30ドル/kWh（1960年代の米ドル≒360円として、約5,500円/kWh）もの研究開発その他の補助金を受け取っていたという調査報告もあります[3.5]。同様に日本でも、原子力の開発と立地に関わる財政資金（国から補助金など）の単価は、1970年代には4.72円/kWhもあったことが明らかになっています[3.6]。

このように、既に成熟した原子力などの従来型電源と、これから本格的な普及が進む再生可能エネルギー電源の現時点での「政策経費」（買取価格の優遇された利潤を含む）を同列に扱うのは公平な比較と言うことはできないでしょう。

もちろん、FIT制度であれば何でもOKで問題が全くないわけではありません。例えばFITの基礎理論を紹介した文献[3.7]では、「不適切なFIT」という章が設けられ、FITの制度設計の不備による実際の失敗例や、将来の失敗の可能性も指摘されています。その中で、「高すぎるFIT価格」についての言及もあります。現在の日本の太陽光の買取価格は妥当な価格か？ もしかしたら歪められた市場を改善する効果よりも却って市場を歪める可能性があるのではないか？ と常に検証し、必要があれば速やかに買取価格を改善（低減）したり、不適切な発電設備に対して勧告やFIT認定取り消しなどの措置を取るといった是正行動は必要です。これについては3.5節で再び取り上げます。

その場合でも、FIT制度の本来あるべき姿と現実の制度運用の中での不適切な実施方法とをごちゃまぜに考えず、切り分ける必要があります。なんとなくのイメージで、「FITは高い、高いからFITはダメだ！」という連想ゲームのようなFIT批判は、問題の本質から目を逸らし、既に歪んだ市場をますます歪ませる可能性があります。

3.2　FITで再エネ事業者は大儲け？

前節で紹介した「FITは市場を歪めている！」という誤解とほぼセットで、「FITで再エネ事業者は丸儲けしてけしからん！」という主張や非難もよく耳にします。確かに、FITの原資は電力消費者（≒国民）全体で負担金を少しずつ負担するものであり、それが再エネ発電事業者の支援に充てられているので、特に再エネに社会的便益があるという情報が得られていない人にとっては、「発電事業者が丸儲けするのはけしからん！」という発想になりがちかもしれません。

ここもイメージ先行の連想ゲームではなく、ファクトや理論をもとに検証したいと思います。まず、FITは「パフォーマンス型の支援制度」である、ということを確認する必要があります。

FITはパフォーマンス型

いわゆる補助金や助成金と聞いて我々がイメージしやすいのは、初期投資、すなわち設備容量 (kW) に対して補助金がかけられるケースです。この場合、一旦作った発電設備が途中で事故やトラブルに遭って「やっぱりダメでした」と発電を止めたり、期待どおりの発電が結果的にできなかったりした場合、建設時に支払われた補助金は無駄になってしまいます。「補助金ビジネス」とか「補助金目当て」とか、補助金にネガティブなイメージがつきやすいのもこのようなケースに関連します。

しかし、FITの賦課金は実際に発電した発電電力量 (kWh) の実績（パフォーマンス）に対して報酬が支払われます。kWの設備に対して「前払い」として支払われる補助金ではありません。「作ったらおしまい」、「補助金のもらい逃げ」を許す制度ではなく、きちんと発電を継続しない事業者には支払われない制度なのです。「きちんと発電を継続」しているかどうかという実績（パフォーマンス）は、発電した電力量kWhで客観的に計測でき、政策効果が客観的・定量的指標で計測しやすいというのがFITの大きな利点でもあります。

仮に事故やトラブル続きでロクに発電しない「悪徳」発電事業者がいたとしても、彼らの悪徳が祟って発電ができなかった場合、それ以降に発電されるはずのkWh分の賦課金は当該事業者に支払われず、「国民負担」が増えることもありません。報道によると、太陽光発電を目論んで安い山林を買い占め高く転売する業者もいるようですが、そのような業者が運良く一時的に儲かったとしても、そこにFIT賦課金という「国民負担」が投入されたわけではありません。なぜなら、実際に発電所を建ててkWhを売らない限り、報酬は一銭も払われませんので…。

FIT制度のもとで発電事業に参入した事業者の多くは、借金を背負って発電所を建設しています。その「借金」は、金融機関や投資家にとっては「投資」に映ります。なぜなら、固定価格により安定した収益を見込むことができるようになり、「予見可能性」が高まってリスクが低減できるからです。前節で紹介した経産省の「発電設備の高い建設コストも回収の見通しが立ちやすくなる」という説明のとおり、事業者や投資家にとってFITの最大の利点は、投資予見可能性が高まることに他なりません。

再エネ事業者は有利な条件でビジネスに参入することができますが、実態は発電所を建てた瞬間から濡れ手に粟で丸儲け…ではありません。FIT報酬は確かに市場価格より有利に設定されていますが（図3-1-1参照）、それを継続して受け取るためには、適切にメンテナンスを行って、まじめに発電し続けるしかありません。借金をして発電所を建てて、ちくちくと日々kWhを売って収入を得て損益分岐点を迎えるのはおそらく運転開始後7〜10年後です。しかもそれはきちんとメンテナンスを行って事故や故障を防げた場合の見込みでしかありません。

このように、「FIT制度で発電事業者が丸儲けしてけしからん！」という非難は、案外的外れな論点であることがわかります。このような誤解は、再エネに懐疑的な人ほど抱きやすいかもしれませんが、残念ながら一部の再エネ事業者の中にもこの点を大きく勘違いしているケースが若干見られるのはとても残念なことです。中には太陽光発電や小型風力が「メンテナンスフリー」だと喧伝する記事や書籍も存在し、それを鵜呑みにする事業者や発電所オーナーもいるようです。しかし、絶対に故障しない工業製品はこの世に存在しません。発電ビジネスは、メンテナンスにかける人や金をケチってほったらかしのまま資金回収ができるまで無事故でいられるほど甘くはありません。

例えていうなら、FITは「みなさん、我こそはと思う方は今から冷たい水に飛び込んで下さい。頑張って向こう岸まで辿り着いたら儲けが出ます」という支援制度です。確かに発電ビジネスにまじめに取り組み、所定の期間（例えば20年間）事故やトラブルなく発電できた人は高い報酬が得られるでしょう。しかし、冷たい水の中で予期せぬトラブルに見舞われ、水の底に沈んでしまったら、そこから先は報酬も支払われません。FIT制度は、頑張った人には報酬があり、頑張らない人には支払われない、というある意味非常に冷たく厳しい支援制度なのです。メンテナンスや事故防止に気を配らない悪徳事業者がラクして儲けられる制度ではありません。

調達価格が下がったからFITは失敗？

もう一つ、よくあるFITの誤解として、「FIT調達価格が年々下がったので倒産する会社が増えた。FITの失敗だ！」という主張もしばしば聞かれます。FIT施行後5年目を迎えた2017年には太陽光関連事業者の倒産件数が88件、負債総額が約285億円といずれも過去最多を更新したため[3.8]、これをもってFITの失敗だとする誤解もあるようです。

確かに、パネル販売や設置工事に関連する事業者にとっては、毎年のように漸減する調達価格によって「ノウハウ不足や安易な事業計画で経営が立ち行かなくなるケース」[3.8]もあるでしょう。同文献では「太陽光モジュールや架台、設置工事の値下げ圧力は加速しており、太陽光関連事業者は技術革新や工法の最適化などで市場ニーズに合った単価で製品・サービスを提供できるか問われている。これに対応できない事業者の淘汰は、今後も避けられないだろう」とも分析されています。

一方、発電事業者にとっては前節の図3-1-1で説明したとおり、一度発電を開始すれば20年間は固定の価格で電気の販売を続けられるため、過去に認定を受けた発電所の調達価格が遡って減額されるわけではありません。仮に発電事業者が倒産するケースがあるとしたら、それはメンテナンス不足で当初見込んでいた発電電力量（すなわち収益）が得られないとか、設計・施工不良で事故を起こし発電が継続できない、など自らの事業計画・運用の甘さに起因するものです。まさに冷たい水に飛び込んで途中で沈んでしまうケースですが、事業者にとっては厳しい結果であるものの、そこから先は発電しないkWhにはFIT賦課金を払う必要はないので、FIT制度が失敗したことになるわけではありません。

FIT制度の下では、発電事業者は事故や故障を起こさなければ事業の見通しが立ちやすくなりますが、FITによって前金が支払われるわけではないので、途中で事業失敗したとしたらその事業者に支払う賦課金はそれ以上増えません。事業失敗もあり得ることは（そしてその場合それ以上賦課金を支払う必要がないことは）FIT制度に初めから盛り込まれています。また、再エネの普及と大量生産に伴いFIT調達価格が年々低廉化していくことも、FIT制度そのものの理念に最初から織り込まれているものであり、FIT調達価格が下がったからといって（さらにそれに起因して倒産する会社が増えたとしても）それはFITの失敗ではなく、産業界のプレーヤーの淘汰が進みながらも、むしろ成功裏に価格低廉化が進んでいるという解釈をすることができます。

FIT認定取消しもあり得る

現在、日本各地で太陽光発電の事故や故障、住民とのトラブルが報告されており、ネット上でも手抜き工事とみられる架台の設計・施工の不備や土壌流出や崩落の危険性が指摘される発電所も写真付きで数多く取り上げられています。単に発電所の内部でトラブルが起きて発電不能になるだけであれば、あくまで事業者の責任として発電による利益を逸失するだけですが、不適切な設計・施工やメンテナンスにより、第三者の生命・財産を脅かすことがあってはなりません。本来、再エネは他の電源に比べ負の外部性が低いことが特徴でしたが、第三者の生命・財産の毀損（の可能性）は大きな負の外部性を発生させてしまうことになり、本末転倒です。このような再エネ設備は存在意義自体がない、と言っても過言ではありません。

このような負の外部性を発生させてしまう可能性がある（そしてそれを改善しようとしない）発電所は、再エネの理念からいってもFITの理念からいっても、厳しく取り締まるべきでしょう。筆者自身は、別の著書（「再生可能エネルギーのメンテナンスとリスクマネジメント」，インプレスR&D）でも述べたとおり、敢えて厳しい言葉を選ぶと、メンテナンスや公衆安全に気を配らない発電事業者は、さっさと痛い目に遭って淘汰された方がよいと考えています。

実際、本章冒頭に登場した『電気事業者による再生可能エネルギー電気の調達に関する特別措置法』の平成28年（2016年）改正版では、第十三条に「改善命令」、第十五条に「認定の取消し」について規定されており、そこでは、

- （改善命令）

  第十三条　経済産業大臣は、認定事業者が認定計画に従って再生可能エネルギー発電事業を実施していないと認めるときは、当該認定事業者に対し、相当の期限を定めて、その改善に必要な措置をとるべきことを命ずることができる。

- （認定の取消し）

  第十五条　経済産業大臣は、次の各号のいずれかに該当すると認めるときは、第九条第三項の認定を取り消すことができる。

  一　認定事業者が認定計画に従って再生可能エネルギー発電事業

を行っていないとき。

二　認定計画が第九条第三項第一号から第四号までのいずれかに適合しなくなったとき。

三　認定事業者が第十三条の規定による命令に違反したとき。

と定められています。特に第十五条第二項で参照される第九条第三項は「再生可能エネルギー発電事業計画の認定」について定められており、そこでは「経済産業省令で定める基準に適合するものであること」、「発電事業が円滑かつ確実に実施されると見込まれるものであること」などが盛り込まれています。ここで「経済産業省令で定める基準」とは、『電気設備に関する技術基準を定める省令』（いわゆる「電技」）などを指しますが、その中には太陽光発電設備の適切な架台の設計・施工方法も定められています。つまり、万一これら法令に違反することがあれば（まさに「悪徳事業者」の名に値する行為です）、経産大臣による改善命令や最悪の場合、FIT認定取消しもあり得るのです。

さらに、最近ではFIT法に定められた定期報告を怠っている事業者も多数存在することが発覚し、経産省から督促されています[3.9]。これは単なる書類の提出忘れという次元ではなく、FIT法に定められた「発電事業計画の認定」の根幹を揺るがす行為であり、このような定期報告義務違反の事業者は「悪徳事業者予備軍」ともいうべきでしょう。

本書執筆時の2018年12月現在、認定取消しという「伝家の宝刀」はまだ抜かれていませんが、いずれ認定取消しの事業者も増えてくると予想されます。筆者の個人的（といっても研究者としての）意見としては、このような法令に違反する事業者はバンバンと取り締まり、FIT認定を取り消すべきだと考えています。なぜならば、再エネの最大の特徴は負の外部性が少ないことであり、負の外部性を減らす努力をしない再エネは存在意義がないからです。

FIT施工後に損益分岐点を迎えて大儲けしている事業者は現在ほとんど存在しないにも関わらず、「FITで再エネ事業者は大儲けしてけしからん！」という主張が日本で多く聞かれる背景には、単純にFIT制度の正しい理解がまだまだ進んでいないという理由だけでなく、このような不適切な運営をしている可能性のある事業者が少なからず見られることもその大きな要因であると考えられます。再エネに疑問を持っている人だけでなく、むしろ再エネを支援したり普及させたいと思っている人ほど、公衆安全を脅かす可能性がある負の外部性が大きい「バッドな」再エネ事業者に対して厳しい態度で臨むべきでしょう。

3.3　FITで国民負担が増大する？

次に「FITは国民負担を増大させる！」を検証します。確かに、標準家庭で毎月754円もの負担額は、多くの人にとって「はい、いいですよ」と快く賛同できるかどうか意見が分かれるところです。

FITは「国民負担」？

再生可能エネルギーに対して疑問や懸念を抱いている人にとっては、法律で決まったこととはいえ、「どうして俺たちが払わなければならないんだ？」という不満は残りがちです。この問題を単に「コスト負担」の問題と捉える限り、その不満や不信はどうしても付いて回ってしまいます。

中には、FIT法が前政権（民主党政権）下で可決・施行されたことから、前政権が原発事故を機に勝手に決めたと思い込んでいる人もいるようですが、そもそもFIT法は東日本大震災の発生した3月11日当日のまさに午前中に閣議決定され、その後、政府が提出した法案に対して当時野党だった自民党や公明党も含め三党の合意に基づき修正が施され、国会で成立したものです[3.10]。さらに、その後の2012年12月の第46回衆議院議員総選挙で民主党（当時）が破れたため、2012年7月から施行されたFIT調達価格の決定は、最初の6ヶ月間を除いて全て自民党政権下によるものです。FITに関して「○○党のせいで」、「○○首相のせいで」という批判があるとしたら、それは法案の審議・成立過程の事実を無視したフェイクニュースに近い主張であり、問題の本質を探り建設的な議論を行う態度とは程遠いものがあります。

我々は、本書の1.2節で既に「便益」という言葉と概念を再確認し、再生可能エネルギーの導入にはコストはかかるものの同時に便益をもたらすものであること、便益は一部の企業や特定の産業界への利益だけではなく、国民全体にもたらされるものだということを理解してきました。そうです、この問題は単にコストだけではなく、便益についても考えないと、問題の本質に迫ることができないのです。

表3-3-1に、1.2節でも取り上げた再生可能エネルギーの便益についての試算を再掲します。この試算は2011年に環境省の委託事業によって試算されたものですが、FITが施行される前にこのような便益が提示されていたということはあまり知られていないようです。残念ながら、環境省自体もせっかくのよい成果物をあまり宣伝しないのか、このような貴重な情報が、なかなかマスメディアでは取り上げられません。インターネットで誰もが無料でアクセスできる状態にあるものの、膨大なジャンクな情報の海に飲み込まれ、この情報は多くの人々に共有されてはいないようです。

表3-3-1　環境省による再生可能エネルギーの便益の試算（表1-2-1の再掲）

項目	内容
CO_2削減効果	2020年に6,000～8,000万t-CO_2（金額換算値: 0.4～1.8兆円*）
エネルギー自給率	2020年に10～12%まで向上
化石燃料調達に伴う資金流出抑制効果	2020年に0.8～1.2兆円*
経済波及効果	2011～2020年平均で生産誘発額 9～12兆円*、粗付加価値額 4～5兆円*
雇用創出効果	2010～2020年平均で46～64万人**

* 割引率4%で2010年価値換算／** 機器の輸入はないものと仮定

また、同じく環境省では標準家庭（世帯）のFIT賦課金および月あたりの負担額の予測も行っています。図3-3-1および図3-3-2に示すとおり、2013年3月の段階では2030年に2.95円/kWhにまで上昇し、標準家庭の負担額は月額886円（高位予測）にまで達するという見込みを立てていました。その後、買取価格の高い太陽光のみが急速に認定されたため、2015年3月にその予測の見直しが行われ、2019年頃までは賦課金が2.5円

/kWh程度、負担額が月額700円程度に急激に上昇するもその後緩やかになるという予測に修正されました。この新しく修正された2015年時点予測によると、2030年に賦課金は3.01円/kWh、負担額は月額903円（高位予測）になると予測されています。前述のとおり、現在、FIT賦課金単価は2.90円/kWh、標準家庭の負担額は月額754円なので[3.1]、その当時の予測を若干上回るペースとなっています。

図3-3-1　環境省によるFIT賦課金の試算（左: 2012年時点での予測、右: 2015年時点での予測）

図3-3-2　環境省による一般家庭の月あたりのFIT負担額の試算（左: 2012年時点での予測、右: 2015年時点での予測）

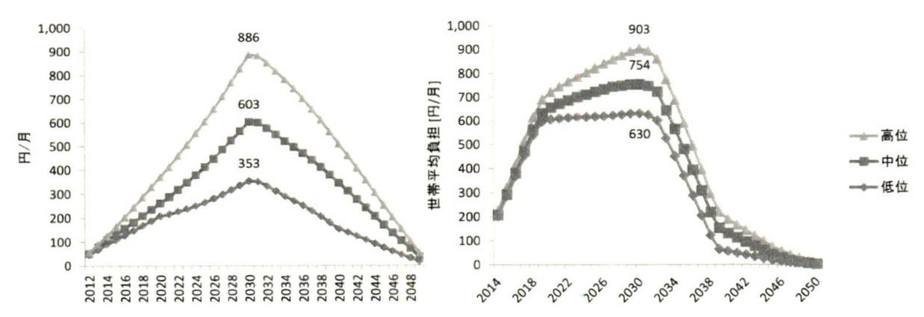

ここで重要なのは、単にその金額の大きさや予想の当たり外れではなく、FITによる負担額は2030年をピークとして後は下がっていくという傾向です。特に、2015年時点の予測にあるとおり、2010年代に急激に上昇した分だけ、2030年代には急激に減少します。FITの調達期間は20年というあらかじめ決められた期間であるため、一般の補助金のようにだらだらと半永久的に補助が受けられるものではなく、決められた期限でスパっとFIT買取期間が終わるという、ある意味「非情な」支援制度で

す。確かに2010年代から2020年代にかけては多くの電力消費者（≒国民）にとってコスト負担となりますが、それは便益を生み出す技術に対する投資であり、その便益は2030年以降の次の世代で目に現れる形で実感されるものなのです。それゆえ、FITは次世代への富の移転と言われるのです。

一方、第1章図1-2-2で示したような経済産業省の見通しでは、2030年までの負担増の傾向しか描かれておらず、2030年代以降に急速に負担額が減少することはなぜか示されていません。これでは、負担が青天井で継続するかの印象を与え、かつ次の世代に恩恵がある便益についてイメージすることができません。やはり、「国民負担」だけに関心が集まり不満が起こりがちなのは、便益の議論の不在が原因だと考えられます。

3.4 ドイツのFITは失敗した？

「ドイツのFITは失敗した！」、「ドイツではFITのせいで電力料金が上昇した！」という主張もよく耳にします。この問題を検証する前に、そもそも論を確認しておくと、特に科学技術や政策に関する議論においては、単純な「成功／失敗」を喧伝する主張ほど信用できないものはない、と言うべきでしょう。ものごとはそう単純ではありませんし、わかりやすい単純なカテゴライズほど先入観や主観が混在しやすくなり、本質的な点から目が逸らされやすくなります。仮に「成功／失敗」という評価を下さなければならない場合でも、せめて「〜の点では」、「〜の観点からは」などと範囲を限定し、かつ分析的な理由を提示しなければならず、それがない断定調の「成功／失敗」は、それ自体が科学的議論ではありません。

「ドイツのFITは失敗した」のでしょうか？ また、「ドイツではFITのせいで電力料金が上昇した」のでしょうか？ これもなんとなくのイメージではなく、データとエビデンスで追っていきましょう。

日本よりも10年以上先行するドイツのFIT

ドイツは2000年に再生可能エネルギー法（Erneuerbare - Energien - Gesetz: EEG）が施行され、FITの原型となる固定価格買取制度がスタートしました。2004年に大幅改正されFITの体制が確立し、その後数度の改正を経て今日まで続いています。

図3-4-1に、ドイツの再生可能エネルギー電源による発電電力量の推移を示します。この図から読み取れることとして、

(1) 2005年頃までに陸上風力発電が急速に増加した

(2) 2007年頃よりバイオマスの割合が徐々に増えてきた

(3) 2010年頃より太陽光の割合が急激に増えてきた

ということがわかります。

図3-4-1　ドイツの再生可能エネルギー電源の発電電力量の推移

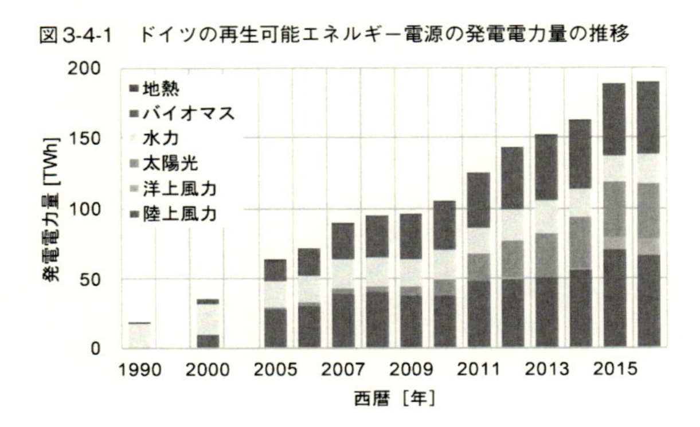

図3-4-2はドイツの太陽光のFIT買取価格の推移を示しています（ドイツの買取価格の区分や条件は複雑ですが、図では各期間の住宅用太陽光の最も高いものと産業用太陽光の最も安いものをプロットしています）。図に見ることができるとおり、ドイツもFIT施行当初は50ユーロセント/kWh（約65円/kWh）以上と高額な価格で買い取られていました。当時太陽光はまだまだ世界中でも商業的な導入が進んでおらず、太陽光パネルの価格も高かったからです。

その後、買取価格は順調に低廉化し、特に2011年以降はそれまで1年に1回だった買取価格の改定の頻度を短くし、急速に買取価格が下落して、現在では8ユーロセント/kWh（約10円/kWh）程度にまで下がってきています。

なお、風力発電の買取価格は2004年の時点で既に9.2ユーロセント/kWh（約12円/kWh）、最新の2018年10月時点では6.57ユーロセント/kWh（約4.6円/kWh）と、太陽光に比べより安い買取価格に設定されています。これは風力発電が2000年代より実用化が進み、市場拡大による大量生産によりコストが既に下がってきていたからだと推測できます。

図3-4-2　ドイツの太陽光のFIT買取価格の推移

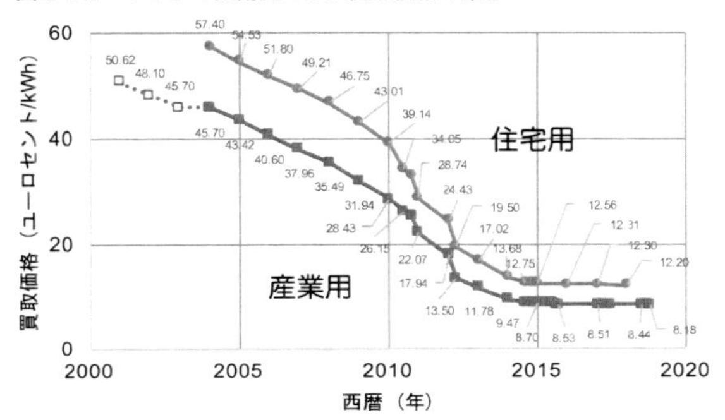

このように、太陽光は再エネの中でもFIT買取価格が最も高いものの一つに数えられますが、同じkWhを稼ぐにもFIT買取価格が高い発電方式がたくさん導入されれば、FIT賦課金総額もその分だけ余計に上昇することは容易に予想されます。

図3-4-3はドイツのFIT制度による賦課金総額の推移を示したグラフですが、2006年の段階では58億ユーロ（約7,500億円）であったものが2015年には242億ユーロ（約3.1兆円）と約4倍に膨れ上がっていることがわかります。風力発電による賦課金の総額は2006年に比べ1.5倍程度とあまり大きな変化がない一方、太陽光による賦課金の増加が目立つ形となっています。

図3-4-3　ドイツのFIT制度による賦課金総額の推移

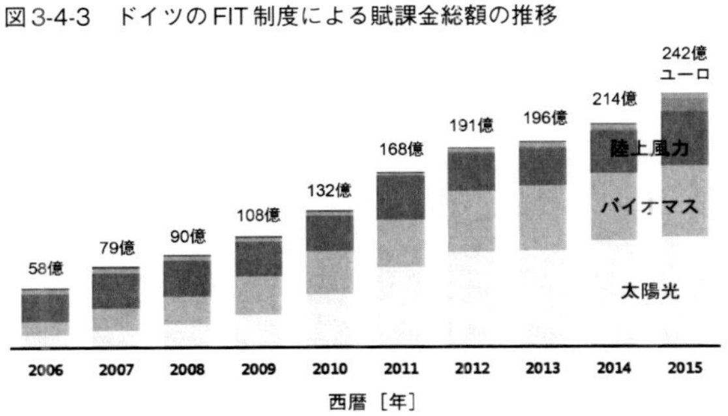

FIT賦課金の4割を占める太陽光

図3-4-4は、2015年におけるドイツのFIT制度による再エネ電源（正確には、再エネとは分類されない埋立地ガスや鉱山ガスによる発電も含む）の発電電力量（総計161.8 TWh）と賦課金総額（総額242.5億ユーロ（約3.2兆円））を各電源ごとの割合で示したグラフです。この図から、FIT制度で買い取った電気の約2割しかない太陽光のために4割以上の賦課金が支払われていることがわかります。

図3-4-4　ドイツのFIT制度による発電電力量と賦課金総額の割合（2015年）

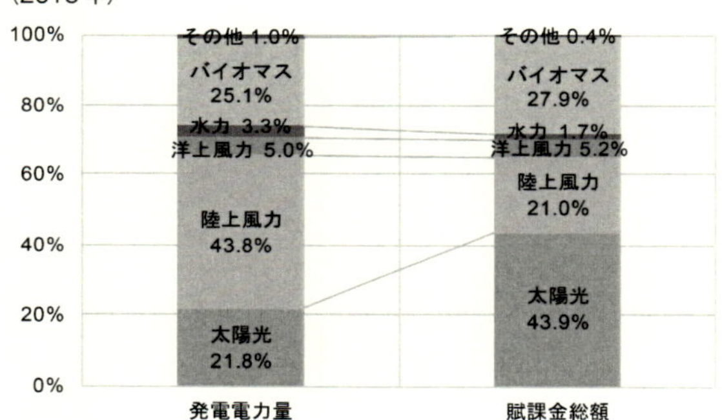

さらに、ドイツでは買取価格も徐々に下がっているため、再エネ事業者の中にもFIT制度を選択せず、「直接販売」を選択するケースも増えてきています。ここで直接販売とは、3.1節図3-1-3で示したようなFIP制度を利用した市場取引も含みます。ドイツでは2014年まではFIT制度と直接販売は選択制でしたが、2014年のEEG改正以降は、住宅用太陽光以外は原則として直接販売に移行しています。

その結果、図3-4-5左図のように、FIT制度を適用しない直接販売の再エネの割合が徐々に増え、2015年にはドイツの再エネ電源から生み出される電力量の7割近くが直接販売となっています。一方、図3-4-5右図のように電源別で見ると、風力発電が9割以上直接販売になっているのに対し、太陽光は8割以上がFIT制度の利用を続けています。

以上に見るとおり、ドイツでは2010年頃から太陽光の導入が急激に進

図3-4-5　ドイツのFIT適用再エネと直接販売（左図：割合の推移、右図：2015年電源別割合）

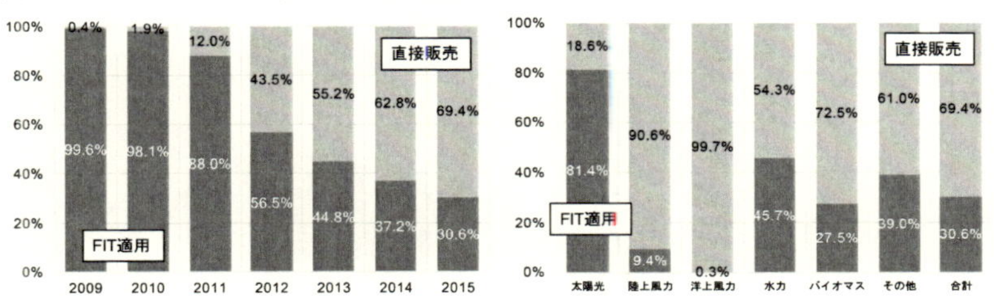

みますが、相対的に高いFIT買取価格の電源がより多く設置されると、FIT賦課金の総額も上昇してしまいます。太陽光が賦課金の大半を占め、過去数年の賦課金上昇の主要因になっていることは否めません。再エネ電源の多様性を進めるのは良いことだとしても、発電コストや買取価格が高い段階で太陽光が大量に導入されることの難しさが現れているということができるでしょう。しかもこの現象が観測されたのは、日本がFIT制度を施行する前の2010年頃だということは留意すべき点です。既に当時明らかになっていた先行事例が日本で教訓として顧みられなかったとしたら、残念なことです。

一方で、長年に亘るFIT制度のおかげで多くの再エネ電源のコストの低廉化が急速に進み、今ではFITに頼らない再エネ電源（特に風力・バイオマス）も多くなっているという事実にも注目すべきです。

ドイツの電力料金は上昇したが…

視点を電力料金に移しましょう。図3-4-6に示すとおり、ドイツの家庭用電力料金を見ると、確かに2000年代後半より大きく上昇している結果となっています。このような情報をもって、ドイツでは「FITのおかげで電力料金が上昇した！」と喧伝する言説も日本ではネットを中心に盛んに流れていますが、図3-4-6のようなドイツの電力価格の推移の内訳を見てみると実はそう単純な構造ではないということがわかります。

図の「正味電力料金」とは、小売事業者が卸電力市場から購入する価格に事業マージンを加えたもので、卸電力価格の推移にほぼ従います。この図から客観的に読み取れることとして、

図3-4-6　ドイツの家庭用電力価格の内訳の推移

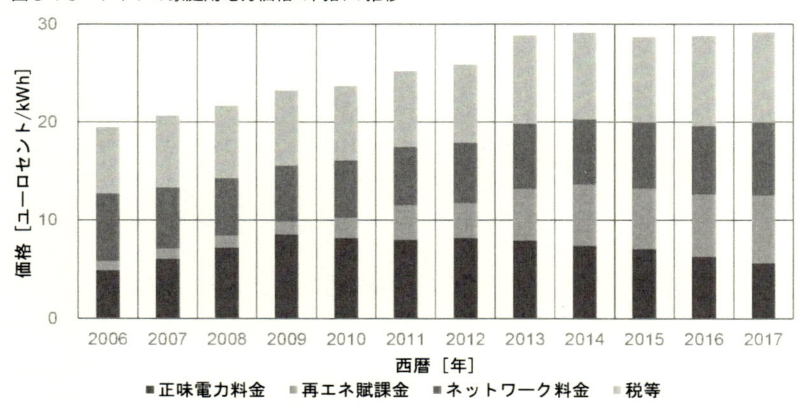

① 2009年までは、卸電力価格（正味電力料金）の上昇が大きい

② 正味電力料金は2009年をピークに下落傾向にある

③ 2009～2014年の間は、再エネ賦課金の上昇が大きい

④ 正味電力料金＋再エネ賦課金の和は2014年をピークに下がり始めている

などの情報を得ることができます。つまり、正味電力料金は既に2012年をピークに下がり始め、正味電力料金＋再エネ賦課金の和も2014年をピークにやや下降の傾向を見せています。

このように、ドイツでは電力料金が上がったのは確かに事実かもしれませんが、それはFITのせいだけではありません。何かのせいにして早急に結論づけてしまうのは、イメージ先行型の短絡的な連想ゲームでしかなく、その詳細内訳をつぶさに観察して分析的に考えないと本質を見誤る可能性があります。では、なぜこのような価格下落の傾向が見られるようになったのでしょうか？

再エネの大量導入による卸市場価格の下落

その答えは、一言で言うと、再エネの大量導入にある、といえます。電力の価格は、その主な原材料である化石燃料の燃料代に大きく依存します。現在では多くの国では石油火力はほとんど使われませんが、ガスも石炭も国際的な原油価格に緩やかに連動しています。

図3-4-7は北海ブレント原油価格と欧州の卸電力市場(EPEX)の価格の推移を示したものです。2000年から2006年頃までは両者は強い相関を持っており、原油価格の上昇に引きずられる形で卸電力価格も上昇していることがわかります。一方、2010年以降は原油価格の高騰と高止まりにもかかわらず、電力卸価格は漸減していっています。この現象は、再エネ(特に風力発電)の大量導入のためであると推測されています。なぜなら、再エネは風や太陽光のように燃料費がゼロであるため、設備を運用する変動費(O&Mコスト)は他の電源に対して極めて安く、卸市場では、単純な発電コストではなく変動費が重要になってくるからです。

図3-4-7　原油価格と卸電力価格の推移

図3-4-7のように従来相関していたものが何らかの構造変化により別れていく現象は、デカップリングと呼ばれ、2.2節のGDPとCO_2排出量の相関でも見たとおりですが、ここでも原油価格と卸電力価格のデカップリングが徐々に見られてきています。

また、図3-4-8は、風力発電の出力とその時の卸市場の価格との相関を示すグラフです。ここでは風力発電と卸価格のデータが揃いやすいデンマーク西部エリアを例にとっていますが、再エネ(風力発電)と卸市場価格との間に、はっきりと負の相関がある結果が得られています。これは風力発電の出力が大きい時ほど電力市場の卸価格が低下する傾向があることを意味しています。

燃料費が無料の再エネの大量導入により卸電力市場が下がってくると、たとえFITの賦課金が上昇したとしても、それを打ち消すほどの効果が現れます。デンマークは1993年から、ドイツは2000年からFIT制度を導入しており、その甲斐あって再エネ（主に風力）の大量導入が現時点で既に実現していますが、FITのおかげで再エネが大量導入されたことによる便益は、早くも数値やグラフとなって観測されているのです。

図3-4-8　風力発電出力と卸電力価格の相関（2015年、デンマーク西部）

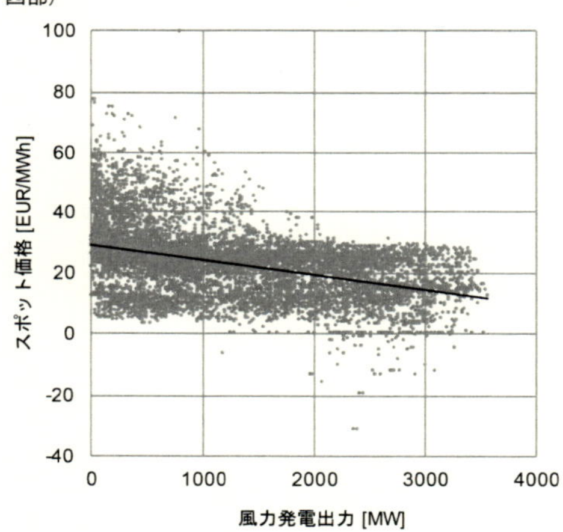

ドイツの人はFITに反対しているか？

ここまで示したような「再エネには便益がある」、「再エネに投資をすることは次世代への富の移転に相当する」、「再エネの便益は欧州では少しずつ電力価格に反映され既に現れている」という情報が、仮に一般の人々に全く提供されなければ、「コスト負担はけしからん！」、「FIT負担額が高すぎる！」という批判も当然多くなってしまうのは仕方ありません。しかし、もし再エネの便益や富の移転に関して適切な情報が国民にもたらされていれば、賦課金の意義を理解し賛同する人々も増えてくることでしょう。

ドイツでは、再生可能エネルギーに関する理解が進んでいるためか、図

3-4-9のような世論調査結果に示すとおり、賦課金の金額が「低い」、「妥当だ」と肯定的に考える人は、2012年を除いては、賦課金が年々上昇する中でも5割を上回っています。

図3-4-9　ドイツのFIT賦課金に対する世論調査結果

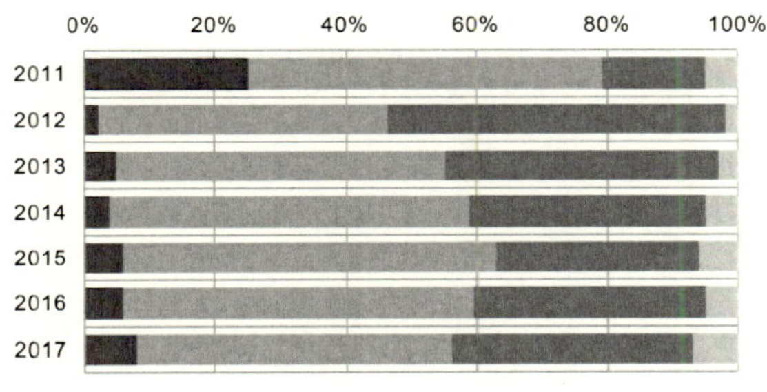

また、ドイツが推進する「エネルギヴェンデ（エネルギー転換）を重要だと思うかどうか」という2017年の世論調査に対しては、図3-4-10に示すとおり、「とても重要、または極めて重要」、「重要」と肯定的な回答が全体の95%を占める結果が得られています。2015年時点でドイツのFIT賦課金は日本円に換算すると約8.0円/kWhで日本の現在の約2.8倍あることを考えると、ドイツ国民の意識と理解度の深さがわかります。

図3-4-10　ドイツのFIT賦課金に対する世論調査結果

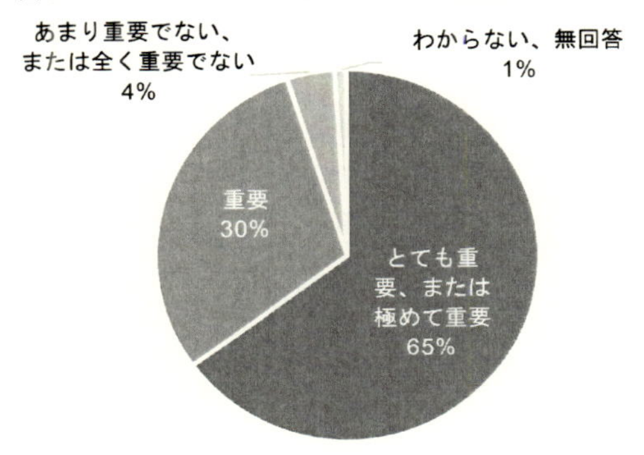

ドイツのFIT制度も必ずしも順風満帆ではなく、太陽光の急速な導入による賦課金の上昇など、確かに改善すべき問題を抱えており、改善の

途上にあります。「ドイツのFITは成功した！」と早急に断言することは控えるべきですが、少なくとも、「ドイツのFITは失敗した！」ということを論理的・客観的に示すエビデンスはほとんど見出すことができないといえるでしょう。

3.5 日本の再生可能エネルギーはなぜ高い？

日本の再生可能エネルギー（特に太陽光発電）の価格が高いことが指摘されています。本節では、なぜ日本の再エネの発電コストが世界水準に比べると高いのか、その要因を探り、解決に向けた方法を議論していきます。

発電コストとFIT調達価格

図3-5-1に2015年時点で政府によって「公式に」公表された日本の各種電源の発電コストを示します（図1-1-4の再掲）。ここでは太陽光発電は、住宅用が27.3円/kWh、産業用（メガソーラー）が20.9円/kWhでした（いずれも政策経費は除く）。

図3-5-1　日本の各種電源の発電コスト（図1-1-4再掲）

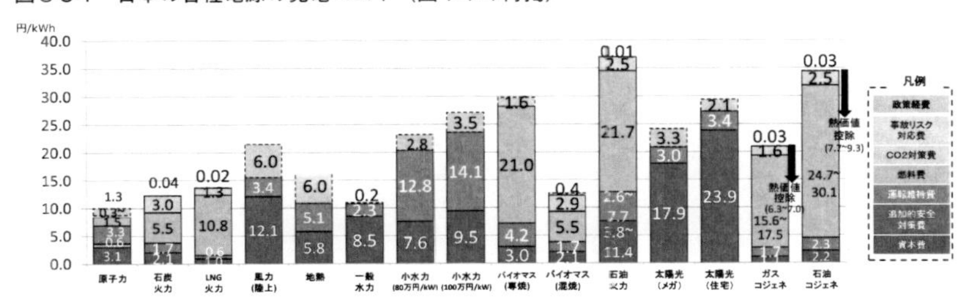

一方、図3-5-2に世界的な再生可能エネルギー電源の発電コストの平均値を示します。ここでは太陽光発電の発電コストの世界平均は、2010年の段階では0.36ドル/kWh（約40円/kWh）であったものが2017年には0.10ドル/kWh（約11円/kWh）程度に急激に低廉化しています。

図3-5-2　世界の風力および太陽光の平均発電コストの推移

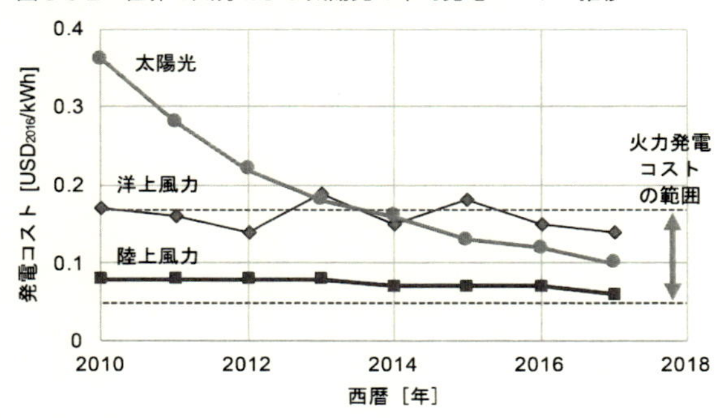

太陽光発電だけでなく風力発電など他の再生可能エネルギーの発電コストを見ても、推計した年が異なるものの、日本と世界では大きな差が見られます。この2つのグラフを比べると、

- 再生可能エネルギーは世界水準では、もはや決して高い電源ではなく、火力発電と十分競争できる価格帯にまで低廉化している
- 日本の再生可能エネルギーの発電コストは、世界水準に比べると高い

ということがわかります。

一方、太陽光発電のFIT調達価格（買取価格）については、図3-1-2に日本の推移を、図3-4-2にドイツの推移を示したとおりですが、両国を比較するために、為替相場を1ユーロ＝130円として両者の推移グラフ（特に産業用太陽光）を重ねると、図3-5-3のようになります。この図から日本とドイツのFIT調達価格の推移を比較すると、まず、

① 日本の現在（2018年）の太陽光のFIT調達価格はドイツの1.7倍高い

ことを指摘することができます。しかし、このような比較は単に特定の時点での価格の比較だけでなく、これまでの推移や今後の見通しなどの「トレンド」の中で観察しなければ、近視眼的になりがちです。図から同

時にわかることとして、

② 日本はFIT制度が先行したドイツから比べると4〜6年遅れで現在の価格水準を達成している

ということもできます。

日本のFITの買取価格（特に太陽光）は「高すぎる」という批判は、確かに多く聞かれます。しかし、日本よりも10年以上早く先行して導入したドイツでも、FIT制度開始当初ははるかに高い価格に設定されており、それを10年以上かけて半分、さらに4分の1程度に低廉化させてきたという経緯があります。日本も先行するドイツと同様の傾向を見せ、FIT施行後わずか5〜6年で半減させてきたという「トレンド」は無視することはできません。

図3-5-3　日本とドイツの太陽光のFIT調達価格の推移

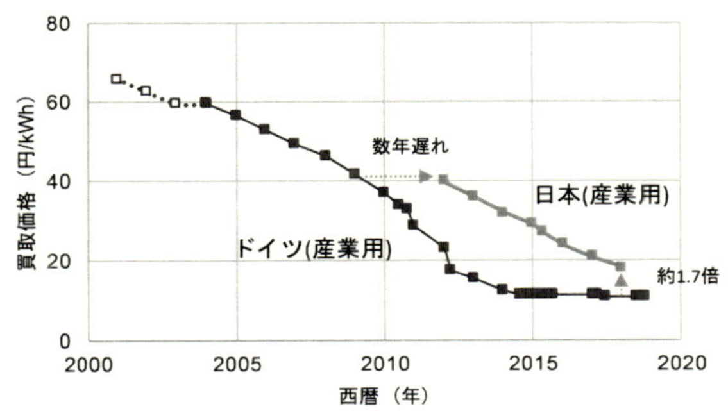

コストの内外価格差の内訳

ここで、「ドイツをはじめ早くからFITを先行して導入した諸外国の努力により、太陽光パネルの国際的価格も下がったのだから、FIT後発国の日本の調達価格は最初から低くないとおかしい」という指摘もあるかもしれませんが、問題はそう単純ではありません。

2016年に経済産業省傘下に設置された「太陽光発電競争力強化研究会」

の報告書[3.11]によると、図3-5-4に示すとおり、非住宅用（産業用）太陽光発電のシステム価格の内外格差は13.4万円/kW、住宅用の内外格差は15.7万円/kWで、共に日本の価格は欧州に比べ約1.8倍高いことが明らかになっています。特に産業用では、日本のモジュールコストが欧州に比べ1.5倍程度なのに対し、設置工事関係のコスト（架台等を含む）は2倍になっています。同報告書では、「住宅用に比べるとモジュールメーカーにおける競争が進んでいるため、内外価格差は小さくなる傾向である」と指摘しており、また設置工事関係については、

① 高いFIT価格を背景として、EPC（著者注：設計・調達・建設）事業者における価格競争圧力が弱いため、経験の少ない設計・施工事業者が多数存在し、太陽光発電専門の業者が育っておらず、設計・施工の効率化が進んでいないこと

② 発電事業者がEPC事業者に対して、各費目のコストの積み上げではなく、FIT価格の水準に合わせた発注価格による包括的な請負契約をしており、適正なスペック・価格で設置等を行うインセンティブが十分に働いていないこと等が考えられる

と分析しています[3.11]。

図3-5-4　日本と欧州の非住宅用(左)および住宅用(右)の太陽光の設置コスト比較

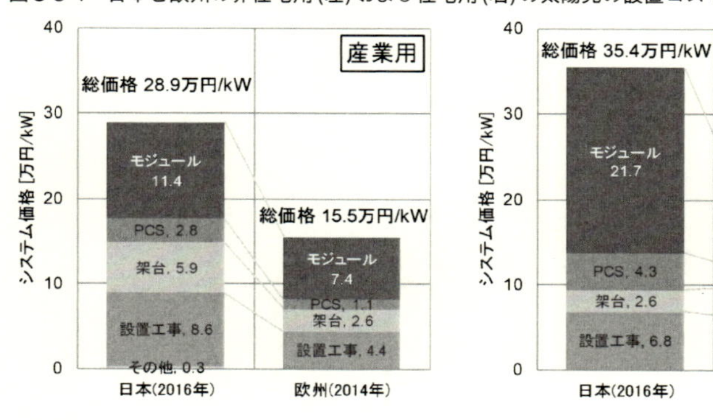

また、住宅用については、

- 非住宅用と比較して、住宅用で大幅に内外価格差が生じている要因としては、①既築を中心とした多段階の流通構造により、流通コストが高くなっている上、②情報量の少ない住宅用のユーザーに対して相対的に高い価格設定がなされているものと考えられる
- 同じメーカーの商品であっても、代理店によって約1.5倍程度の価格差が生じている（中略）。また、同じメーカーであっても、10kW未満の案件と2,000kW以上の案件とを比較すると、kW当たりの販売価格は2倍以上の差がある
- 住宅用の市場では、設置ユーザーが、高品質や狭小住宅に適したモジュールや国内メーカーの製品を志向するため、海外メーカーの参入圧力が弱く、結果的に高い価格でも高品質の商品が選ばれている

などが指摘されています。

すなわち、他国で太陽光のコストが下がっているからといって直ちにそれが日本に波及するわけではなく、日本は日本で国内の流通や施工の商習慣を勘案しながらも、ノウハウの蓄積や作業の集約化によってコストダウンを図らなければならない課題が残されていることがわかります。文献[3.11]では、「EPC事業者、デベロッパー等の事業者間に適切な競争とイノベーションが生まれ、競争力のある事業者と産業構造の形成を促すようFIT価格を設定すべきではないか」という提案がなされています。

同様に、経済産業省では「風力発電競争力強化研究会」も同時期に設置し、その報告書[3.12]では、

- 我が国の風力発電の高コスト構造は、①導入規模の小ささに起因する風車調達コスト高（国内メーカーの量産効果不足、海外メーカーへの価格交渉力の弱さ）、②日本特有の耐風・耐震対策によるコスト高、③環境アセスメント、電力系統接続等の不確実性によるリスクプレミアム、①〜③に伴うコスト削減の遅れによるFIT価格の高止まり等の課題が指摘される。

と指摘しています。

単純にFIT買取価格が高いか低いかだけの問題ではない

FITにより順調に大量導入が進む太陽光と、環境アセスメントのなどのために建設までのリードタイムが長く設定され、FIT後もなかなか導入が進まない風力発電とは、高コスト構造の要因やコスト低減の対策も自ずと違ってきますが、特に風力発電に関しては、文献[3.12]で指摘された③の「環境アセスメント、電力系統接続等の不確実性によるリスクプレミアム」が重要な要素となります。

本来FITは、産業として十分成熟しておらず事業リスクが高い再エネ電源に対し、予見可能性を高め事業リスクを低減するための政策です。しかしながら日本では、2012年のFIT施行とほぼ同時期に再エネの中でも風力発電に対してだけ厳しい環境アセスメントが課せられてしまうという、必ずしも公平とはいえないバランスの悪い政策の組み合わせが実施されてしまいました。

もちろん、環境アセスメントは重要で、筆者もこの制度自体を否定するものではありませんが、ある発電方式はアセスメントが不要で、ある発電方式にはアセスメントが厳しく課せられるとしたら、それは公平性があるとはいえません。さらにアセスメントが必要ない発電方式の方がFIT買取価格が非常に高く設定されているとしたら、買取価格の高い発電方式の事業リスクが相対的に減り、買取価格の安い発電方式の事業リスクが相対的に増えてしまうことになります。これはFITのそもそもの理念に反する状況を生み出す結果となります。

今日の日本の「太陽光バブル」ともいえる、再エネの中でも太陽光のみが急激に増えている状況は、世界的な再エネの導入動向から見ても決して健全ではなく、むしろ異常ともいえる状態です。そしてそのことが多くの日本人にとって自覚されず、「再エネといえば太陽光」というなんとなくのイメージになり、疑問にすら思われない状態が続いています。

また、2012～2014年度に高い買取価格（40円/kWh、36円/kWhおよび

32円/kWh）で認定を受けながら意図的に着工を遅らせている未稼働案件が最近問題視されています。経済産業省では2018年12月にこの未稼働案件に対する対応の方向性を打ち出しましたが、そこでは「運転開始が遅れている事業に、認定当時のコストを前提にした調達価格が適用されることは、FIT法の趣旨に照らして適切でない」と述べられています[3.13]。2012〜2014年度にFIT認定を受けた事業用太陽光発電（10kWh以上）のうち、2018年12月の段階で未稼働の案件は実に約2,300万kW (23 GW) 以上に上ります。これは同時期に認定された設備約5,300万kW (53GW) に対し43%にも達しており、やはり「FIT法の趣旨に照らして適切でない」異常な状態であると言わざるを得ないでしょう。そこで経済産業省では、図3-5-5に示すような形で系統連系工事申込みの受領日で期限を設定し、それでも間に合わない未稼働案件に対しては調達価格を切り下げることを決定しました。

図3-5-5　太陽光未稼働案件に対する措置

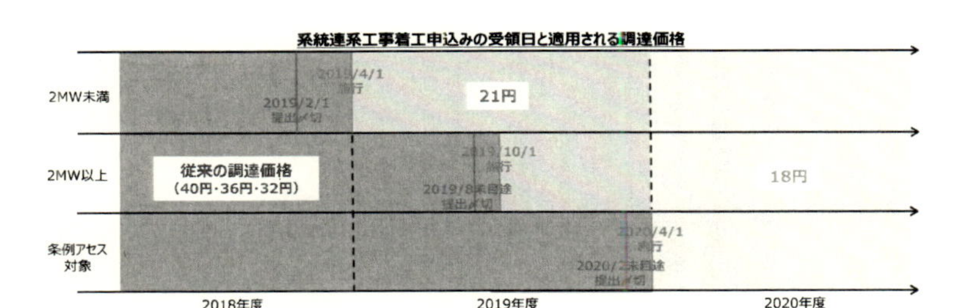

これらの問題や混乱は、単にFIT制度の制度設計の問題にとどまらず、FIT以外の政策、例えば環境アセスメントや2.5節で議論したゾーニング（土地利用計画）、系統接続問題などにも関連します。例えば前述の未稼働案件は、そもそもFIT買取価格をFIT認定時ではなく運転開始時に定めればなんの問題も発生しなかったわけですが、2012年当時は（実は今でも）新規の再生可能エネルギー電源の系統接続が一般送配電事業者によって遅滞なく許可されるかどうかは見通すことができず、仮にFIT価格を運転開始時に設定すると発電事業者側の事業リスクが増大してしま

うことが容易に予想されました。すなわちこれは、FITそのものの問題点というより、系統接続に関するルールとの不調和が問題です。

同様に、何年も使われていない耕作放棄地が平野に広がっているにもかかわらずその農地転用は地元の農業委員会からほとんど認められず、一方でそのすぐ横の山の斜面の森を伐採して乱雑に太陽光パネルで埋めつくすことは所有者さえ望めば地元自治体や住民も反対ができないという状況は、農地法や森林法、急斜面法など他省庁管轄の法令との不整合が原因です。

海外文献を読むと複数の政策の「調和 harmonization」という表現がよく登場しますが、日本においては政策の調和はまだまだ今後の課題のようです。再エネのコストが日本でなかなか下がらない原因は、このような政策の不調和によって事業の予見可能性が低下し、それがリスクプレミアムとして余計なコストとして計上せざるを得ない構造が発生しているためと筆者は見ています。

4

第4章　おわりに：賢く生き残るために

◉

本書では、一貫して「現在のエネルギーシステムは決して完璧でうまくいっているわけではない」、「今までどおりのやり方を変えないと、国も企業も生き残れる保証はない」ということをエビデンスベースで提示してきました。では、どのようにすれば「今までどおり」ではない新しいことで未来を構築していけるでしょうか。本書の最後に、未来につなぐ話でまとめたいと思います。

再生可能エネルギーは破壊的技術

クレイトン・クリステンセンの『イノベーションのジレンマ』[4.1]は、1997年に出版されて以来、世界中の大ベストセラーです。クリステンセンによると、成功した優良企業でもイノベーションのジレンマに陥る失敗の理由は、業界をリードしていた企業が「持続的技術」を取りがちで、「破壊的技術」にやがて破れるからです。ここで持続的技術とは、「主要市場のメインの顧客が今まで評価してきた性能指標に従って、既存製品の性能を向上させる」（文献[4.1], p.9）ものに過ぎず、一方、破壊的技術は「従来とは全く異なる価値基準を市場にもたらす」ものであり「破壊的技術の性能は、現在は市場の需要を下回るかもしれないが、明日には十分な競争力を持つ可能性がある」（同文献, p.10）ものです。

イノベーション理論の中では、最近、バックキャスティングという言葉も多く使われるようになってきています。バックキャスティングは、図4-1に見るとおりフォワードキャスティングの反対語であり、従来の技術を改善するインクリメンタルイノベーション（漸進的な技術革新）では未来のあるべき姿に到達することができず、そこに到達するためには、あるべき姿から何をすべきかを逆算で考え行動するラディカルイノベーション（根本的な技術革新）が必要だという考え方です。

これらはクリステンセンの破壊的技術と持続的技術にも相当し、一見荒唐無稽で従来の常識からは見向きもされない手段を否定したり軽視したりすると、将来生き残れない可能性があることを示唆しています。

一旦「そこそこうまくいっている」システムに慣れ親しんでしまうと、

図4-1　フォワードキャスティングとバックキャスティング

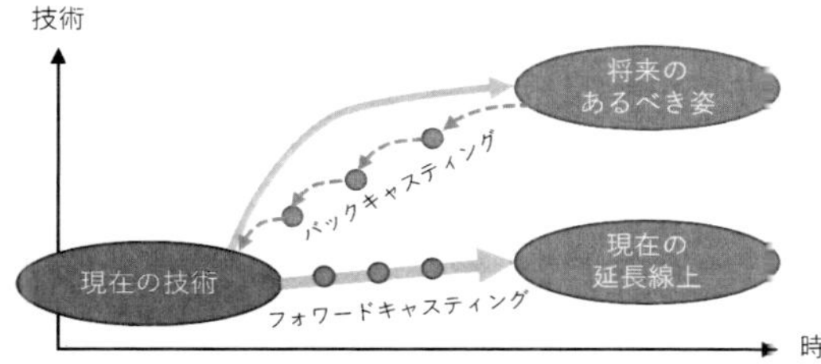

本来技術革新の担い手であるはずのエンジニア自身が保守的・保身的になってしまい、自らのもつ知識や能力を「現在のシステム」を少しだけ変えるというインクリメンタルイノベーションにしか興味を持たなくなってしまうという傾向があります。あるいは、単に興味を持たないだけであればまだましですが、場合によっては自身の技術的拠り所を根底から否定しかねないラディカルイノベーションを、現行技術の優越的地位を利用して全力で否定しにかかるケースも見られます。

クリステンセンの『イノベーションのジレンマ』が書かれたのは1997年であり（今から20年以上も前！）、まだインターネットも黎明期だった時代です。同書で取り上げられたイノベーション理論の分析対象も8インチディスクドライブやハードディスク、フラッシュメモリといった今となっては古典的ともいえる製品たちです。ここで本書のテーマである再生可能エネルギーをイノベーション理論に応用すると、読者ももうおわかりのとおり、再生可能エネルギーという新しい技術が、まさにクリステンセンのいうところの「破壊的技術」にほとんどそっくりそのままあてはまることがわかります。

「再生可能エネルギーは不安定であてにならない」、「電力の質が悪い」、「たくさん入れると停電になる！」など、従来型の製品やシステムにすっかり慣れきった企業経営者やエンジニアは、優れた製品やサービス（例えば高効率の火力発電機や高い電力品質）を供給しようとするあまり、従来の基準から見れば低品質に見える再生可能エネルギーに対する投資や研究開発を合理的な観点から軽視します。また、新しい技術を望みそれを進んで購入しようとする一部の顧客（消費者）の声を合理的な観点から無視しようとします。そして、それが次世代を担う重要な技術だと気がついた時には、既に出遅れていることになります。

新しい技術は、いつだって登場した時は「今までにない」、「荒唐無稽な」ものです。20年前、インターネットや携帯電話が世に登場した時、今現在の世の中を想像していた人はどれだけいるでしょうか？ 再生可能エネルギーもインターネットや携帯電話の歴史とほぼ時間軸を同じくし、ようやく爆発的に成長をし始めたところです。20年前に風車の大きさがこれほどまでに大きくなると、太陽光発電のコストがこれほどまでに安くなると、思い描いていた人はどれだけいるでしょうか？ おそらくそのような先見の明のある少数の人たちは、「荒唐無稽だ！」、「現実的でない！」という声に抗いながら、地道に研究開発を続けてきた人たちでしょう。このような新しいパラダイムを思い描ける人のみが、新しい未来を作るといっても過言ではありません。それがすなわちパラダイムシフトです。

再生可能エネルギーの導入はパラダイムシフト？

パラダイムシフト paradigm shiftとは、その時代や分野において当たり前のように考えられていた認識や思想、価値観などが非連続的・断絶的に変化することを示す概念です。元々この言葉は量子力学の研究者かつ科学史家でもあるトーマス・クーンが『科学革命の構造』という本で提唱したものですが[4.2]、現在ではさまざまな分野で頻繁に登場し、有名になりすぎて手垢がついた印象もあります（クーン自身もこれを嫌い、のちに別の用語を提唱しているほどです)。しかし実は、元々この用語は哲学用語ではなく、科学技術史、しかも20世紀初頭の量子力学の勃興について述べる際に使われたものであるという事実は、意外に知られていません。

当時、確率論的概念を用いた物理現象の記述は最先端の研究者でもなかなか受け入れ難く、光電効果に関する光量子仮説でノーベル物理学賞を受賞したアインシュタインですら「神はサイコロを振りたまわず」と、最後までボーアらの提唱する量子力学の理論に懐疑的であったほどです。21世紀の今となっては「量子力学は荒唐無稽だ！ 間違っている！」と声高にいう人はいないでしょうが、20世紀初頭では実際に多くの科学者・研究者（アインシュタインを含む！）を巻き込んで、「量子力学は荒唐無稽だ！ 不完全だ！ 間違っている！」という科学論争が実際にあったのです。

クーンはそのような時代の渦中にあって、このような科学史上の発展は、従来技術や知識の積み重ねによって連続的に起こるのではなく、ある者が乗り越えられないほどの断絶的な「科学革命」によって行われるということを看破したのです。パラダイムシフトという現在ではお手軽に使われるこの言葉のバックグラウンドが科学論争にあるということは、21世紀の我々も改めて知っておく必要があります。

現在進行形で世界的に進んでいる再生可能エネルギーの大量導入や系統運用技術の進化がパラダイムシフトに相当するのかは後世の科学史家が判断すべきことですが、いずれにせよ過去10〜20年で世界の電力システムに大きな変化が急速に起こっている事実を否定する人はほとんどいないでしょう。インターネットや移動体通信（スマホ）が我々の生活様式を10〜20年ですっかり変えたように、再生可能エネルギーという新規技術も、近い将来の我々の生活基盤を一変させる（あるいは既に変化させた）可能性があります。さまざまな技術が隆興する現在を現在進行形で生きる我々にとって必要なのは、もしかしたら我々はパラダイムシフトに直面しているかもしれないと常にアンテナを張って敏感に認識することかもしれません。

19世紀から20世紀への世紀の変わり目に隆盛した量子力学は、たった数十年で「量子力学なんて荒唐無稽だ！」などと誰にも言われない時代を迎えました。20世紀から21世紀への世紀の変わり目に登場した再生可能エネルギーも、おそらく後数年で（あるいは海外ではもう既に）「再生可能エネルギーなんて荒唐無稽だ！」という言説自体が荒唐無稽となる日がやってくるでしょう。再生可能エネルギーの発展を支えるのは技術的な理論だけではありません。外部性や社会的便益という経済学的な理論からも、その正当性・妥当性が検証され、エビデンスが積み上がっているのですから。

参考資料

■本文中の参考文献

[1.1] 日本政府: 第5次エネルギー基本計画 (2018)
http://www.enecho.meti.go.jp/category/others/basic_plan/pdf/180703.pdf

[1.2] 環境省温暖化影響総合予測プロジェクトチーム: 地球温暖化「日本への影響」－長期的な気候安定化レベルと影響リスク評価－ (2009)
https://www.env.go.jp/press/files/jp/13617.pdf

[1.3] NHK: クローズアップ現代＋「"キロクアメ" に異例の猛暑　この夏どうなる？」, 2017年7月5日
https://www.nhk.or.jp/gendai/articles/4155/

[1.4] 環境省: 大気汚染物質排出量総合調査結果（平成26年度実績）別紙 (2015)
https://www.env.go.jp/press/files/jp/105146.pdf

[1.5] ラウリ・ミルヴィエルタ: 新規石炭火力発電所による大気環境および健康への影響 ～東京・千葉エリアと大阪・兵庫エリアのケーススタディ～, Greenpeace (2016)
https://www.greenpeace.org/japan/Global/japan/pdf/Japan%20case%20study_201605_JP_F.pdf

[1.6] The World Health Organization (WHO): New report identifies four ways to reduce health risks from climate pollutants (2015)
https://www.who.int/news-room/detail/22-10-2015-new-report-identifies-four-ways-to-reduce-health-risks-from-climate-pollutants

[1.7] United Nations Human Rights Council: Report of the Special Rapporteur on the implications for human rights of the environmentally sound management and disposal of hazardous substances and wastes on his mission to the United Kingdom of Great

Britain and Northern Ireland, A/HRC/36/41Add.1, 5 September 2017
https://www.ohchr.org/EN/HRBodies/HRC/RegularSessions/Session36/_layouts/15/WopiFrame.aspx?sourcedoc=/EN/HRBodies/HRC/RegularSessions/Session36/Documents/A_HRC_36_41_Add_1_EN.docx&action=default&DefaultItemOpen=1

[1.8] 加藤修一: 国際機関が公表する大気汚染死亡数と意義 ・・・ 究極はエネルギー転換を示唆, 京都大学再生可能エネルギー経済学講座, 2018年3月15日

[1.9] 経済産業省 発電コスト検証ワーキンググループ: 長期エネルギー需給見通し小委員会に対する発電コスト等の検証に関する報告 (2015)
http://www.enecho.meti.go.jp/committee/council/basic_policy_subcommittee/mitoshi/cost_wg/pdf/cost_wg_01.pdf

[1.10] 西村陽: 電力市場改革をめぐる3つの論点: プール, 顧客の選択, 外部性, 學習院大學經濟論集, Vol.36, No.3, pp.351-374 (1999)

[1.11] European Commission: External Costs − Research results on socio-environmental damages due to electricity and transport (2003)

[1.12] National Research Council: Hidden Costs of Energy: Unpriced Consequences of Energy Production and Use, The National Academies Press (2010)

[1.13] 気候変動に関する政府間パネル(IPCC) 第3作業部会: 再生可能エネルギー源と気候変動緩和に関する特別報告書(SRREN) 日本語版 (2012)
http://www.env.go.jp/earth/ipcc/special_reports/srren/index.html

[1.14] 三省堂: スーパー大辞林3.0

[1.15] コトバンク, https://kotobank.jp

[1.16] 植田和弘他編著: 環境政策の経済学, 日本評論社 (1997), p.16

[1.17] 経済産業省資源エネルギー庁:「平成29年度エネルギーに関する年次報告」(エネルギー白書2018) (2018)
http://www.enecho.meti.go.jp/about/whitepaper/2018pdf/

[1.18] 植田和監修: 地域分散型エネルギーシステム, 日本評論社 (2016), p.43

[1.19] 石原孟, 山口敦, 高本剛太郎: 東日本大震災と風力発電設備支持物の耐震設計, 風力エネルギー, Vol.35, No.1, pp.8-11 (2011)

[1.20] 日本太陽光発電協会 (JPEA): 災害時における太陽光発電の自立運転についての実態調査結果, 2018年10月18日
http://www.jpea.gr.jp/topics/181018.html

[1.21] BP Energy Economics: BP Energy Outlook, 2018 edition (2018)
https://www.bp.com/content/dam/bp/en/corporate/pdf/energy-economics/energy-outlook/bp-energy-outlook-2018.pdf

[1.22] 日本経済新聞: 再生エネ拡大でも石炭消費増, 2018年8月5日朝刊

[2.1] 小峰隆夫編: 経済用語辞典 第4版, 東洋経済新報社 (2007)

[2.2] 日本経済団体連合会: カーボンプライシングに対する意見, 2017年10月13日
http://www.keidanren.or.jp/policy/2017/078.html

[2.3] 日本経済新聞: 電事連会長、炭素価格付けをけん制「自主的取り組みが有効」, 2017年6月16日朝刊

[2.4] 環境省: 諸外国における炭素税等の導入に関する提言, 2018年7月
http://www.env.go.jp/policy/policy/tax/mat-5.pdf

[2.5] 環境省 カーボンプライシングのあり方に関する検討会: 取りまとめ ～脱炭素社会への円滑な移行と経済・社会的課題との同時解決に向けて～, 2018年3月
https://www.env.go.jp/earth/cp_report.pdf

[2.6] OECD: Climate and Carbon − Aligning Prices and Policies, OECD Environment Policy Paper (2013)
https://www.oecd-ilibrary.org/environment-and-sustainable-development/climate-and-carbon_5k3z11hjg6r7-en

[2.7] 気候変動に関する政府間パネル(IPCC): 第5次評価報告書(AR5) 第3作業部会の報告『気候変動の緩和』政策決定者向け要約(SPM)（環境省訳）(2014)
http://www.env.go.jp/earth/ipcc/5th_pdf/ipcc_5th_report_wg3.pdf

[2.8] High Level Commission on Carbon Prices: “Report of the High-Level Commission on Carbon Prices”, Conference of the Parties (COP) of the United Nations Framework Convention on Climate Change (UNFCCC)
https://static1.squarespace.com/static/54ff9c5ce4b0a53decccfb4c/t/5949402936e5d3af64b94bab/1497972781902/ENGLISH+EX+SUM+CarbonPricing.pdf

[2.9] OECD/World Bank: The FASTER Principles for Successful Carbon Pricing: An approach based on initial experience (2015)
http://documents.worldbank.org/curated/en/901041467995665361/pdf/99570-WP-PUBLIC-DISCLOSE-SUNDAY-SEPT-20-4PM-CarbonPricingPrinciples-1518724-Web.pdf

[2.10] 三省堂: スーパー大辞林3.0

[2.11] 神戸大学経済経営学会編: ハンドブック経済学, ミネルヴァ書房 (2011), p.85

[2.12] ロイター: 米エネルギー規制委、石炭火力・原子力発電支援要請を拒否, 2018年1月9日
https://jp.reuters.com/article/us-energy-grid-idJPKBN1EY03A

[2.13] 電力・ガス取引監視等委員会ウェブサイト: 電力・ガス取引監視等委員会について（最終更新日：2017年9月5日）
http://www.emsc.meti.go.jp/committee/

[2.14] 第189回国会経済産業委員会議録第16号, 2015年6月11日
http://kokkai.ndl.go.jp/SENTAKU/sangiin/189/0063/18906110063016.pdf

[2.15] Council of European Energy Regulators (CEER): 6th CEER benchmarking report on the quality of electricity and gas supply

[2.16] Bundesnetzagentur (BnetzA): Monitoring Report 2017 (English version)

[2.17] 須賀晃一編: 公共経済学講義 – 理論から政策へ, 有斐閣 (2014), p.48

[2.18] 総務省ウェブサイト: 規制影響分析 (RIA)（試行的実施）
http://www.soumu.go.jp/menu_seisakuhyouka/ria.html

[2.19] フィリップ・コトラー他: コトラーのマーケティング3.0　ソーシャル・メディア時代の新法則, 朝日新聞出版 (2010)

[2.20] フィリップ・コトラー他: コトラーのマーケティング4.0　スマートフォン時代の究極法則, 朝日新聞出版 (2017)

[2.21] 三菱UFJ信託銀行: グローバルなESG投資の潮流と日本の展望, 三菱UFJ信託資産運用情報, 2016年1月号
https://www.tr.mufg.jp/houjin/jutaku/pdf/u201601_1.pdf

[2.22] 明日香壽川: パリCOP21合意後の世界 – ダイベストメント、情報開示、訴訟リスク, Energy Democracy, 2016年4月22日
http://www.energy-democracy.jp/1580

[2.23] Sustainable Brans: 世界で広がるダイベストメント 国際NGO創設者に聞く, 2018年5月21
http://www.sustainablebrands.jp/article/story/detail/1190489_1534.html

[2.24] 日本政府: 第5次エネルギー基本計画 (2018)
http://www.enecho.meti.go.jp/category/others/basic_plan/pdf/180703.pdf

[2.25] 国際連合: 我々の世界を変革する：持続可能な開発のための2030アジェンダ（外務省仮訳）(2015年9月25日採択)
https://www.mofa.go.jp/mofaj/gaiko/oda/sdgs/pdf/000101402.pdf

[2.26] RE100ウェブページ, http://there100.org/companies

[2.27] 日本気候リーダーズ・パートナーシップ (Japan-CLP) ウェブページ: 最新動向・ニュース
https://japan-clp.jp/index.php/news2018/393-re100-coops-2

[2.28] Japan-CLPウェブページ: 日本気候リーダーズ・パートナーシップとは？
https://japan-clp.jp/index.php/japanclp

[2.29] 気候変動イニシアティブ (JPI) ウェブページ, https://www.japanclimate.org/

[2.30] B. K. Sovacool: The dirty energy dilemma: What’s blocking clean power in the United States, Praeger (2008)

[2.31] 丸山康司: 再生可能エネルギーの導入と地域の合意形成 − 課題と実践, 科学, Vol.88, No.10, pp.1010-1015 (2018)

[2.32] 飯田哲也+環境エネルギー政策研究所(ISEP): コミュニティパワー エネルギーで地域を豊かにする, 学芸出版社 (2014)

[2.33] 丸山康司他編著: 再生可能エネルギーのリスクとガバナンス, ミネルヴァ書房 (2015)

[2.34] 本巣芽美: 風力発電の社会的受容, ナカニシヤ出版 (2016)

[2.35] 環境省: 風力発電に係る地方公共団体によるゾーニングマニュアル（第1版）, 2018年3月
https://www.env.go.jp/press/files/jp/108681.pdf

[2.36] 畦地圭太: 「風力発電導入プロセスの改善に向けたゾーニング手法の提案」, 東京工業大学博士論文 (2015)

[2.37] 武本俊彦: 太陽光発電を巡るトラブルから考える日本の土地利用制度のあり方, Energy Democracy, 2016年8月26日掲載
http://www.energy-democracy.jp/1664

[3.1] 経済産業省: ニュースリリース「再生可能エネルギーの2018年度の買取価格・賦課金単価等を決定しました」, 2018年3月23日
http://www.meti.go.jp/press/2017/03/20180323006/20180323006.html

[3.2] 資源エネルギー庁ウェブサイト: なっとく！再生可能エネルギー
http://www.enecho.meti.go.jp/category/saving_and_new/saiene/kaitori/fit_kakaku.html

[3.3] 大島堅一: 新しい環境経済政策手段としての再生可能エネルギー支援策, 立命館国際研究, 19-2, pp.253-273 (2006)

[3.4] 経済産業省 発電コスト検証ワーキンググループ: 長期エネルギー需給見通し小委員会に対する発電コスト等の検証に関する報告 (2015)

[3.5] M. Goldberg: Federal Energy Subsidies: Not all Technologies are created Equal, Renewable Energy Policy Project Research Report, No 11 (2000)

[3.6] 大島堅一: 再生可能エネルギーの政治経済学, 東洋経済新報社 (2010)
[3.7] M. メンドンサ他: 固定価格買取制度(FIT)の基礎理論（仮題）, 京都大学学術出版会 (2019) 【発行予定】
[3.8] 東京商工リサーチ ウェブサイト: 2017年「太陽光関連事業者」の倒産状況, 公開日付 2018年1月12日
http://www.tsr-net.co.jp/news/analysis/20180112_03.html
[3.9] 経済産業省資源エネルギー庁: 定期報告に関する指導について, 2018年8月31日
http://www.enecho.meti.go.jp/category/saving_and_new/saiene/kaitori/dl/announce/20180831_3.pdf
[3.10] 経済産業省 資源エネルギー庁: 平成23年度エネルギーに関する年次報告（エネルギー白書2012）(2012)
[3.11] 経済産業省: 太陽光発電競争力強化研究会報告書 (2016)
http://www.meti.go.jp/committee/kenkyukai/energy_environment/taiyoukou/pdf/report_01_01.pdf
[3.12] 経済産業省: 風力発電競争力強化研究会報告書 (2016)
http://www.meti.go.jp/committee/kenkyukai/energy_environment/furyoku/pdf/report_01_01.pdf
[3.13] 経済産業省 資源エネルギー庁: 既認定案件による国民負担の抑制に向けた対応（事業用太陽光発電の未稼働案件）, 2018年12月5日
http://www.meti.go.jp/press/2018/12/20181205004/1812005004-1.pdf

[4.1] クレイトン・クリステンセン: イノベーションのジレンマ ～技術革新が巨大企業を滅ぼすとき, 翔泳社 (2001)
[4.2] トーマス・クーン: 科学革命の構造, みすず書房 (1971)

■図表出典等

※「出典」と表記しているものは、元資料をそのまま掲載したものです。「データソース」と記載しているものは、元資料のデータを用いて筆者が

グラフ化、図表作成を行ったものです。記載のないものは筆者のオリジナル資料です。

図1-1-1　（データソース）国立環境研究所 地球環境研究センター: 日本国温室効果ガスインベントリ報告書 (2018)
http://www-gio.nies.go.jp/aboutghg/nir/2018/NIR-JPN-2018-v4.1_J_web.pdf

表1-1-1　（データソース）環境省温暖化影響総合予測プロジェクトチーム: 地球温暖化「日本への影響」－長期的な気候安定化レベルと影響リスク評価－ (2009)
https://www.env.go.jp/press/files/jp/13617.pdf

図1-1-2　（出典）環境省: 大気汚染物質排出量総合調査結果（平成26年度実績）別紙 (2015)
https://www.env.go.jp/press/files/jp/105146.pdf

図1-1-3　（出典）ラウリ・ミルヴィエルタ: 新規石炭火力発電所による大気環境および健康への影響 ～東京・千葉エリアと大阪・兵庫エリアのケーススタディ～, Greenpeace (2016)
https://www.greenpeace.org/japan/Global/japan/pdf/Japan%20case%20study_201605_JP_F.pdf

図1-1-4　（出典）経済産業省 発電コスト検証ワーキンググループ: 長期エネルギー需給見通し小委員会に対する発電コスト等の検証に関する報告 (2015)
http://www.enecho.meti.go.jp/committee/council/basic_policy_subcommittee/mitoshi/cost_wg/pdf/cost_wg_01.pdf

図1-1-5　（データソース）European Commission: External Costs − Research results on socio-environmental damages due to electricity and transport (2003)

図1-1-6　同上

表1-1-2　（データソース）National Research Council: Hidden Costs of Energy: Unpriced Consequences of Energy Production and Use,

The National Academies Press (2010)

図1-1-7　(出典) 気候変動に関する政府間パネル(IPCC) 第3作業部会: 再生可能エネルギー源と気候変動緩和に関する特別報告書(SRREN) 日本語版 (2012)
http://www.env.go.jp/earth/ipcc/special_reports/srren/index.html

図1-2-1　(データソース) International Renewable Energy Agency (IRENA): REmap: Roadmap for a Renewable Energy Future (2016)
http://www.irena.org/documentdownloads/publications/irena_remap_2016_edition_report.pdf

表1-2-1　(データソース) 環境省 低炭素社会づくりのためのエネルギーの低炭素化検討会: 低炭素社会づくりのためのエネルギーの低炭素化に向けた提言 (2011)
http://www.env.go.jp/earth/report/h24-01/01_full.pdf

図1-2-2　(出典) 経済産業省: スペシャルコンテンツ「再エネのコストを考える」 (2017, 9, 14)
http://www.enecho.meti.go.jp/about/special/tokushu/saiene/saienecost.html

(出典) 環境省 2050年再生可能エネルギー等分散型エネルギー普及可能性検証検討会: 平成26年度 2050年再生可能エネルギー等分散型エネルギー普及可能性検証検討委託業務報告書 (2015)
https://www.env.go.jp/earth/report/h27-01/H26_RE_5.pdf

図1-2-4　(出典) 国土交通省道路局: 費用便益分析マニュアル (2018)
http://www.mlit.go.jp/road/ir/hyouka/plcy/kijun/ben-eki_h30_2.pdf

図2-2-1　(出典) 環境省: 諸外国における炭素税等の導入状況, 2018年7月
https://www.env.go.jp/policy/policy/tax/mat-4.pdf

図2-2-2　(出典) 環境省: 諸外国における炭素税等の導入に関する提言, 2018年7月
http://www.env.go.jp/policy/policy/tax/mat-5.pdf

図2-2-3　（出典）同上

図2-2-4　（出典）同上

図2-2-5　（出典）環境省中央環境審議会地球環境部会: 長期低炭素ビジョン 参考資料集, 2018年3月
https://www.env.go.jp/council/06earth/y0618-14/mat03-1.pdf

図2-2-6　（出典）図2-2-2に同じ

図2-2-7　（出典）「カーボンプライシングのあり方に関する検討会」取りまとめ　～脱炭素社会への円滑な移行と経済・社会的課題との同時解決に向けて～（平成30年3月）
https://www.env.go.jp/policy/tax/conf/conf01-17/mat03_2.pdf

図2-3-1　（フリーイラスト出典）https://www.ac-illust.com/main/detail.php?id=990644
（フリーイラスト出典）https://jp.freepik.com/free-icon/thumbs-up-hand-outline_744072.htm

図2-4-1　（出典）外務省:「持続可能な開発目標」(SDGs)について, 2018年5月
https://www.mofa.go.jp/mofaj/gaiko/oda/sdgs/pdf/about_sdgs_summary.pdf

図2-5-1　（データソース）図1-1-5に同じ

表2-5-1　（出典）丸山康司: 再生可能エネルギーの導入と地域の合意形成 - 課題と実践, 科学, Vol.88, No.10, pp.1010-1015 (2018)

図2-5-2　（出典） 畦地圭太: 風力発電導入プロセスの改善に向けたゾーニング手法の提案, 東京工業大学博士論文 (2015)

図2-5-3　（出典）同上

図2-5-4　（出典）環境省:風力発電に係る地方公共団体によるゾーニングマニュアル(第1版), 2018年3月
https://www.env.go.jp/press/files/jp/108681.pdf

図2-5-5　（出典）同上

図3-1-2　（データソース）経済産業省: ニュースリリース 再生可能エネルギーの2018年度の買取価格・賦課金単価等を決定しました, 2018

年3月23日

http://www.meti.go.jp/press/2017/03/20180323006/20180323006.html

図3-1-4　（データソース）大島堅一: 新しい環境経済政策手段としての再生可能エネルギー支援策, 立命館国際研究, 19-2, pp.253-273 (2006) の掲載図を元に筆者修正

表3-3-1　表1-2-1に同じ

図3-3-1　（出典）環境省 低炭素社会構築に向けた再生可能エネルギー普及拡大方策等検討会: 低炭素社会づくりのためのエネルギーの低炭素化に向けた提言（2050年再生可能エネルギー等分散型エネルギー普及可能性検証検討）(2012)

https://funtoshare.env.go.jp/roadmap/media/teigen24_all.pdf

（出典）環境省 2050年再生可能エネルギー等分散型エネルギー普及可能性検証検討 会: 平成26年度2050年再生可能エネルギー等分散型エネルギー普及可能性検証検討委託業務報告書 (2015)

https://www.env.go.jp/earth/report/h27-01/H26_RE_5.pdf

図3-3-2　（出典）図3-3-1に同じ

図3-4-1　（データソース）Federal Ministry for Economic Affairs and Energy (BMWi): Renewable Energy Sources in Figures − National and International Development, 2016 (2017)

https://www.bmwi.de/Redaktion/EN/Publikationen/renewable-energy-sources-in-figures-2016.pdf?__blob=publicationFile&v=5

図3-4-2　（データソース）Netztransparenz.de: EEG-Vergütungs kategorientabelle bis einschließlich Inbetriebnahmejahr 2018（最終更新日：2018年8月6日）

https://www.netztransparenz.de/portals/1/EEG-Verguetungskategorien_EEG_2018_20180806. xls

図3-4-3　（データソース）Bundesnetzagentur (BnetzA): Montioring report 2016 (2017)

図3-4-4 （データソース）同上

図3-4-5 （データソース）同上

図3-4-6 （データソース）Clean Energy Wire: ドイツの家庭が電力に支払っているもの, Energy Democracy, 2017年5月12日掲載
http://www.energy-democracy.jp/1900

図3-4-7 （データソース）U.S. Energy Information Administration (EIA): Petroleum & other liquid
http://www.eia.gov/dnav/pet/pet_pri_spt_s1_m.htm
（データソース）European Power Exchange (EPEX): KWK Price
http://cdn.eex.com/document/52446/Phelix_Quarterely.xls
（データソース）インベスティング・ドットコム日本版: EUR/USD過去データ
https://jp.investing.com/currencies/eur-usd-historical-data

図3-4-8 （データソース）Energinet.dk: ENERGI Data Service
https://www.energidataservice.dk/en/organization/tso-electricity

図3-4-9 （データソース）一柳絵美: 多くの市民の同意を得ているドイツの自然エネルギー賦課金額, 自然エネルギー財団連載コラム ドイツエネルギー便り, 2015年11月2日掲載
https://www.renewable-ei.org/column_g/column_20151102.php
（データソース）Agentur für Erneuerbare Energien: Angemesseneit der EEG-Umlage (2016)
https://www.unendlich-viel-energie.de/mediathek/grafiken/akzeptanz-umfrage-2016
（データソース）Agentur für Erneuerbare Energien: Angemesseneit der EEG-Umlage (2017)
https://www.unendlich-viel-energie.de/media/image/15061.aee_akzeptanzumfrage2017_eeg_ umlage_72dpi.jpg

図3-4-10 （データソース）Agentur für Erneuerbare Energien: 95 Prozent der Deutschen unterstützen den erstärketen Ausbau Erneuerbarer Energien (2017) https://www.unendlich-viel-energie.de/media/image/15081.aee_akzeptanzumfrage2017_Unterstuetzung_Ausbau_72dpi.jpg

図3-5-1　（データソース）図1-1-4に同じ

図3-5-2　（データソース）International Renewable Energy Agency (IRENA): Renewable Power Generation Costs in 2017 (2018)
https://www.irena.org/-/media/Files/IRENA/Agency/Publication/2018/Jan/IRENA_2017_Power_Costs_2018.pdf

図3-5-3　（データソース）図3-1-2および図3-4-2に同じ

図3-5-4　（データソース）経済産業省: 太陽光発電競争力強化研究会報告書 (2016)
http://www.meti.go.jp/committee/kenkyukai/energy_environment/taiyoukou/pdf/report_01_01.pdf

図3-5-5　（出典）経済産業省 資源エネルギー庁: 既認定案件による国民負担の抑制に向けた対応（事業用太陽光発電の未稼働案件）, 2018年12月5日
http://www.meti.go.jp/press/2018/12/20181205004/1812005004-1.pdf

著者紹介

安田 陽（やすだ よう）

京都大学大学院 経済学研究科 特任教授

1989年3月、横浜国立大学工学部卒業。1994年3月、同大学大学院博士課程後期課程修了。博士（工学）。同年4月、関西大学工学部（現システム理工学部）助手。専任講師、助教授、准教授を経て、2016年9月よりエネルギー戦略研究所株式会社 取締役研究部長。京都大学大学院 経済学研究科 再生可能エネルギー経済学講座 特任教授。

現在の専門分野は風力発電の耐雷設計および系統連系問題。技術的問題だけでなく経済や政策を含めた学際的なアプローチによる問題解決を目指している。現在、日本風力エネルギー学会理事。IEA Wind Task25（風力発電大量導入）、IEC／TC88／MT24（風車耐雷）などの国際委員会メンバー。

主な著作として「世界の再生可能エネルギーと電力システム　電力システム編」、「世界の再生可能エネルギーと電力システム　風力発電編」、「送電線は行列のできるガラガラのそば屋さん?」、「再生可能エネルギーのメンテナンスとリスクマネジメント」（インプレスR&D）、「日本の知らない風力発電の実力」（オーム社）、翻訳書（共訳）として「洋上風力発電」（鹿島出版会）、「風力発電導入のための電力系統工学」（オーム社）など。

◎本書スタッフ
アートディレクター/装丁：　岡田 章志＋GY
デジタル編集：　栗原 翔

●落丁・乱丁本はお手数ですが、インプレスカスタマーセンターまでお送りください。送料弊社負担に てお取り替えさせていただきます。但し、古書店で購入されたものについてはお取り替えできません。
■読者の窓口
インプレスカスタマーセンター
〒 101-0051
東京都千代田区神田神保町一丁目 105番地
TEL 03-6837-5016／FAX 03-6837-5023
info@impress.co.jp
■書店／販売店のご注文窓口
株式会社インプレス受注センター
TEL 048-449-8040／FAX 048-449-8041

世界の再生可能エネルギーと電力システム　経済・政策編

2019年2月8日　初版発行Ver.1.0（PDF版）

著　者　安田 陽
編集人　宇津 宏
発行人　井芹 昌信
発　行　株式会社インプレスR&D
〒101-0051
東京都千代田区神田神保町一丁目105番地
https://nextpublishing.jp/
発　売　株式会社インプレス
〒101-0051　東京都千代田区神田神保町一丁目105番地

印刷・製本　京葉流通倉庫株式会社
Printed in Japan

ISBN978-4-8443-9682-6

NextPublishing®

◉本書はNextPublishingメソッドによって発行されています。
NextPublishingメソッドは株式会社インプレスR&Dが開発した、電子書籍と印刷書籍を同時発行できるデジタルファースト型の新出版方式です。 https://nextpublishing.jp/